普通高等教育“十二五”规划教材

化工仿真实训教程

侯影飞　主编

中国石化出版社

内 容 提 要

本化工仿真实训教程基于北京东方仿真的七种仿真工艺，内容主要包括工艺背景、工艺流程介绍、主要设备介绍、开车停车和常见事故处理操作步骤，可指导读者完成仿真实训教学内容和新员工入职培训。本书精选的仿真工艺内容都是典型化工生产过程，分别为常减压炼油工艺仿真、催化裂化反应丙生工艺仿真、甲醇合成工艺仿真、甲醇精制工艺仿真、二甲醚合成精制工艺仿真、加压气化工艺仿真、水处理工艺仿真。

本书可作为大中专院校化工、医药、轻工等专业学生的教材，也可以作为企业人员技能培训、岗位培训的教材，亦可作为相关专业学生和企业人员培训的参考书。

图书在版编目(CIP)数据

化工仿真实训教程 / 侯影飞主编.
—北京：中国石化出版社，2015(2023.8 重印)
普通高等教育“十二五”规划教材
ISBN 978-7-5114-3532-3

Ⅰ.①化… Ⅱ.①侯… Ⅲ.①化学工业-计算机仿真-高等学校-教材 Ⅳ.①TQ015.9

中国版本图书馆 CIP 数据核字(2015)第 180866 号

中国石化出版社出版发行
地址:北京市东城区安定门外大街 58 号
邮编:100011 电话:(010)57512500
发行部电话:(010)57512575
http://www.sinopec-press.com
E-mail:press@sinopec.com
北京柏力行彩印有限公司印刷
全国各地新华书店经销
*
787×1092 毫米 16 开本 10 印张 228 千字
2015 年 8 月第 1 版 2023 年 8 月第 2 次印刷
定价:28.00 元

前　言

现代意义上的中国高等工程教育已经走过了一个世纪的历程，为国家经济建设和科技发展做出了重要贡献。纵观历史，国际高等工程教育大体经历了面向工程实践的起源阶段、偏离工程实践的转型阶段和回归工程实践的超越阶段；当前，国际工程教育呈现出“回归工程实践”的总体趋势。但我国工程教育受精英教育及其质量观的影响，偏离与回归的时间滞后于国外。我国工程教育人才培养的数量多，但质量还落后于发达国家。当前培养出的工程人才呈现出工程能力、工程素质弱化，对现代企业文化缺乏了解，上岗适应慢，职业道德、敬业精神和团队协作精神等人文素养薄弱。在全球化知识经济时代，工程师素养的高低对经济的发展和技术的进步变得更加重要，世界各国对工程教育的发展尤为关注。我国正在扩大“应用型、复合型、技能型”人才的培养规模，提高其培养质量，实现从工程教育大国向工程教育强国的转变。

化工专业生产实习是高等院校化工类专业教学计划中实践性工程教学环节，也是帮助学生熟悉和了解实际化工生产过程、接触化工生产实践、掌握基本化工生产技能的重要教学手段，在化工高等教育中占有十分重要的地位。化工实际生产过程具有高温、高压、易燃、易爆、有毒等特点，生产现场要求严格，学生在专业实习时很难有直接动手的机会。采用传统“多看、多问、多想、不动手”的方法进行实习实训教学严重制约学生学习积极性，影响教学效果；化工工艺技术及装备的更新换代非常迅速，传统的实习实训设备和方法往往不能紧跟化工发展的脚步，造成实习实训教学内容与化工的实际发展需求严重脱节，不利于学生掌握化工前沿技术，影响学生的发展。而仿真教学可以以仿真模拟软件为依托，按照真实岗位工作的要求设置相关实践教学，且具有全工况可操作性，可以弥补传统实习实训教学的不足，满足了国家高等教育的内涵式发展对学生实践创新能力培养的进一步要求。

本教材对东方仿真公司开发的 7 种工艺仿真进行了详尽的说明，共 7 章，内容主要包括工艺背景、工艺流程介绍、主要设备介绍、开车停车和常见事故处理操作步骤，可指导学生完成仿真教学基本内容。通过精选的操作内容都是化工过程常见的，可适用于石油化工、精细化工、环境工程的诸多相关专业。仿真工艺分别为：常减压炼油工艺仿真、催化裂化反应再生工艺仿真、甲醇合成工艺仿真、甲醇精制工艺仿真，二甲醚合成精制工艺仿真、加压气化工艺仿真、甲醇合成及精工艺仿真、水处理工艺仿真。

本书编写过程得到北京东方仿真软件技术有限公司领导、同仁的大力支持和帮助，并为本书使用者提供在线免费体验账号（http：//www. simnet. net. cn），在此表示感谢。

本书由侯影飞主编，中国石油大学（华东）蒋驰、王宁、李亚铭参与编写和修改。

由于作者水平有限，仿真软件更新速度较快，书中不妥之处在所难免，恳请读者批评指正。

编者

目 录

绪　论

化学工业是国民经济的支柱产业之一。化学工业既是原材料工业，又是加工工业；既有生产资料的生产，又有生活资料的生产。人类与化工的关系十分密切，普及到生活的方方面面。在现代生活中，几乎随时随地都离不开化工产品，从衣、食、住、行等物质生活到文化艺术、娱乐等精神生活，都需要化工产品为之服务。有些化工产品在人类发展历史中，起着划时代的重要作用。其生产和应用，甚至代表着人类文明的一定历史阶段。

现代化工和石化企业生产过程中有很多区别于其他部门的显著特点，主要有投资大，企业规模大型化、集成化；生产装置高度机械化、自动化、连续化；综合性强；能源消耗大，综合利用潜力大；安全生产要求严格等。

仿真技术是以仿真机为工具，用实时运行的动态数学模型代替真实工厂进行教学实习的一门技术。仿真机是基于电子计算机、网络或多媒体部件，由人工建造，模拟工厂操作与控制或者工业过程的设备，同时也是动态数学模型实时运行的环境。

仿真技术在化工过程的应用主要是对集散控制系统化工过程操作的仿真，包括以下几个方面：①工艺过程设计方案的实验与优选；②工艺参数的设计与优选；③工艺过程设计的开、停车方案的可行性实验与分析；④自动控制系统方案的实验、优选与调试；⑤联锁系统和自动开、停车系统设计方案的实验与分析。

仿真培训可以使操作人员在短时间内大幅度提高操作水平，是一种先进的现代培训手段。仿真技术在教学中的应用，尤其是在高校教育中的应用，更加显示出优势。

与传统的工厂实习相比，仿真实习有以下优点。

(1) 为学生提供了充分动手的机会，学生可在仿真机上反复进行开车、停车训练，这在真实工厂中是难以实现的。

(2) 在仿真模拟软件上，学生变成学习的主体。学生可以根据自己的具体情况有选择地学习。例如自行设计不同的开停车方案，试验复杂控制方案，优化操作方案等。

(3) 高质量的仿真器具有较强的交互性能，使学生在仿真实习过程中能够发挥学习主动性，实习效果突出。

(4) 仿真软件提供工况冻结、成绩评定、趋势记录、报警记录、参数设定等特殊功能，便于教师实施各种新的教学与培训方法，真实工厂无法实现。

(5) 可以设定各种事故和极限运行状态，提高学生的分析能力和在复杂情况下的决策能力。

(6) 仿真实验软件具有自动评价功能，对学生掌握知识的水平随时进行测评。

(7) 仿真实习是一种最安全的实习方法，不会因为事故造成学生的人身危险，也不会造成设备损坏和环境污染。

通过仿真实习的培训教学，学生能够掌握从事化工类专业领域实际工作的基本操作技能和基本技术应用能力。通过单元操作、装置的开停车、整个装置的运行等对学生进行解决实际问题的综合能力训练，使学生的综合职业能力得到较大提高。

第1章　常减压炼油工艺

1.1　工艺简介

1.1.1　工艺背景

常减压装置是炼油厂中的龙头，是炼油厂石油加工的第一道工序。常减压装置是常压蒸馏和减压蒸馏两个装置的总称，因为两个装置通常在一起，故称为常减压装置。常减压装置主要包括三个工序：原油的脱盐、脱水；常压蒸馏；减压蒸馏。常压蒸馏和减压蒸馏都属物理过程，经脱盐、脱水的混合原料油在蒸馏塔里加热后，根据其沸点的不同，从塔顶到塔底分成沸点不同的油品，即为馏分，这些馏分油有的经调和、加添加剂后以产品形式出厂，绝大多数作为二次加工装置的原料，因此，常减压蒸馏又称为原油的一次加工。

1.1.2　工艺原理

从油田送往炼油厂的原油往往含盐(主要是氧化物)带水(溶于油或呈乳化状态)，可导致设备的腐蚀，在设备内壁结垢并影响成品油的组成，需在加工前脱除。为了脱掉原油中的盐分，要注入一定数量的新鲜水，使原油中的盐充分溶解于水中，形成石油与水的乳化液。在强弱电场与破乳剂的作用下，破坏了乳化液的保护膜，使水滴由小变大，不断聚合形成较大的水滴，借助于重力与电场的作用沉降下来与油分离，因为盐溶于水，所以脱水的过程也就是脱盐的过程。

精馏又称分馏，是在精馏塔内同时进行的液体多次部分汽化和气体多次部分冷凝的过程。原油之所以能够利用分馏的方法进行分离，其根本原因在于原油内部的各组分的沸点不同。在原油加工过程中，把原油加热到360~370℃进入常压分馏塔，在汽化段进行部分汽化，其中汽油、煤油、轻柴油、重柴油这些较低沸点的馏分优先汽化成为气体，而蜡油、渣油仍为液体。

液体沸腾的必要条件是蒸气压必须等于外界压力。降低外界压力就等效于降低液体的沸点。压力越小，沸点降得越低。如果蒸馏过程的压力低于大气压，这种过程称为减压蒸馏。

1.1.3　流程概述

本装置为石油常减压蒸馏装置，原油经原油泵抽送到换热器，换热至110℃左右，加入一定量的破乳剂和洗涤水，充分混合后进入一级电脱盐罐。同时，在高压电场的作用下，使油水分离。脱水后的原油从一级电脱盐罐顶部集合管流出，再注入破乳剂和洗涤水，充分混合后进入二级电脱盐罐，同样在高压电场作用下，进一步油水分离，达到原油电脱盐的目的。然后再经过换热器加热到200℃左右后，进入蒸发塔，在蒸发塔拔出一部分轻组分。

拔头油再用泵抽送到换热器继续加热到280℃以上，然后去常压炉升温到356℃进入常压塔。在常压塔拔出重柴油以前组分，高沸点重组分再用泵抽送到减压炉升温到386℃进减压塔，在减压塔拔出润滑油料，塔底重油经泵抽送到换热器冷却后出装置。

1. 原油系统换热

罐区原油(65℃)由原油泵(P101/1，2)抽入装置后，首先与闪蒸塔顶汽油、常压塔顶汽油(H101/1-4)换热至80℃左右，然后分两路进行换热：一路原油与减一线(H102/1，2)、减三线(H103/1，2)、减一中(H105/1，2)换热至140℃(TIC1101)左右；另一路原油与减二线(H106/1，2)、常一线(H107)、常二线(H108/1，2)、常三线(H109/1，2)换热至140℃(TI1101)左右。然后两路汇合后进入电脱盐罐(R101/1，2)进行脱盐脱水。

脱盐后原油(130℃左右)从电脱盐出来分两路进行换热：一路原油与减三线(H103/3，4)、减渣油(H104/3-7)、减三线(H103/5，6)换热至235℃(TI1134)左右；另一路原油与常一中(H111/1-3)、常二线(H108/3)、常三线(H109/3)、减二线(H106/5，6)、常二中(H112/2，3)、常三线(H109/4)换热至235℃(TIC1103)左右。两路汇合后进入闪蒸塔(T101)也可直接进入常压炉。

闪蒸塔顶油汽以180℃(TI1131)左右进入常压塔顶部塔或直接进入汽油换热器(H101/1-4)，空冷器(L101/1-3)。

拔头原油经拔头原油泵(P102/1，2)抽出与减四线(H113/1)换热后分两路：一路与减二中(H110/2-4)、减四线(H113/2)换热至281℃(TIC1102)左右；另一路与减渣油(H104/8-11)换热至281℃(TI1132)左右。两路汇合后与减渣油(H104/12-14)换热至306.8℃(TI1106)左右再分两路进入常压炉对流室加热，然后再进入常压炉辐射室加热至要求温度入常压塔(T102)进料段进行分馏。

2. 常压塔

常压塔顶油先与原油(H101/1-4)换热后进入空冷(L101/1，2)，再入后冷器(L101/3)冷却，然后进入汽油回流罐(R102)进行脱水，切出的水放入下水道。汽油经过汽油泵(P103/1，2)一部分打顶回流，一部分外放。不凝汽则由R102引至常压瓦斯罐(R103)，冷凝下来的汽油由R103底部返回R102，瓦斯由R103顶部引至常压炉作自产瓦斯燃烧，或放空。

常一线从常压塔第32层(或30层)塔板上引入常压汽提塔(T103)上段，汽提油汽返回常压塔第34层塔板上，油则由泵(P106/1，P106/B)自常一线汽提塔底部抽出，与原油换热(H107)后经冷却器(L102)冷却至70℃左右出装置。

常二线从常压塔第22层(或20层)塔板上引入常压汽提塔(T103)中段，汽提油汽返回常压塔第24层塔板上，油则由泵(P107，P106/B)自常二线汽提塔底部抽出，与原油换热(H108/1，2)后经冷却器(L103)冷却至70℃左右出装置。

常三线从常压塔第11层(或9层)塔板上引入常压汽提塔(T103)下段，汽提油汽返回常压塔第14层塔板上，油则由泵(P108/1，2)自常三线汽提塔底部抽出，与原油换热(H109/1-4)后经冷却器(L104)冷却至70℃左右出装置。

常压一中油自常压塔顶第25层板上由泵(P104/1，P104/B)抽出与原油换热(H111/1-3)后返回常压塔第29层塔板上。

常压二中油自常压塔顶第15层板上由泵(P104/B，P105)抽出与原油换热(H112/2，3)

后返回常压塔第19层塔板上。

常压渣油经塔底泵(P109/1，2)自常压塔T102底抽出，分两路去减压炉(F102，103)对流室、辐射室加热后合成一路以工艺要求温度进入减压塔(T104)进料段进行减压分馏。

3. 减压塔

减顶油汽二级经抽真空系统后，不凝汽自L110/1，2放空或入减压炉(F102)作自产瓦斯燃烧。冷凝部分进入减顶油水分离器(R104)切水，切出的水放入下水道，污油进入污油罐进一步脱水后由泵(P118/1，2)抽出装置，或由缓蚀剂泵抽出去闪蒸塔进料段或常一中进行回炼。

减一线油自减压塔上部集油箱由减一线泵(P112/1，P112/B)抽出与原油换热(H102/1，2)后经冷却器(L105/1，2)冷却至45℃左右，一部分外放，另一部分去减顶作回流用。

减二线油自减压塔引入减压汽提塔(T105)上段，油汽返回减压塔，油则由泵(P113，P112/B)抽出与原油换热(H106/1-6)后经冷却器(L106)冷却至50℃左右出装置。

减三线油自减压塔引入减压汽提塔(T105)中段，油汽返回减压塔，油则由泵(P114/1，P114/B)抽出与原油换热(H103/1-6)后经冷却器(L107)冷却至80℃左右出装置。

减四线油自减压塔引入减压汽提塔(T105)下段，油汽返回减压塔，油则由泵(P115，P114/B)抽出，一部分先与原油换热(H113/1，2)，再与软化水换热(H113/3，4->H114/1，2)后经冷却器(L108)冷却至50~85℃出装置；另一部分打入减压塔四线集油箱下部作净洗油用。

冲洗油自减压塔由泵(P116/1，2)抽出后与L109/2换热，一部分返塔作脏洗油用，另一部分外放。

减一中油自减压塔一、二线之间由泵(P110/1，P110/B)抽出与软化水换热(H105/3)，再与原油换热(H105/1，2)后返回减压塔。

减二中油自减压塔三、四线之间由泵(P111，P110/B)抽出与原油换热(H110/2-4)后返回减压塔。

减压渣油自减压塔底由泵(P117/1，2)抽出与原油换热(H104/3-14)后，经冷却器(L109)冷却后出装置。

1.2 主要仪器、仪表及设备

1.2.1 主要调节器、仪表

1. 调节器(表1.1)

表1.1 主要调节器

序号	位号	正常值	单位	说明
1	FIC1101	126.2	t/h	原油进料
2	FIC1104	121.2	t/h	T101塔底出料

续表

序　号	位　号	正 常 值	单　位	说　明
3	FIC1106	60. 6	t/h	炉 F101 的一路进料
4	FIC1107	60. 6	t/h	炉 F101 的另一路进料
5	FIC1111	51. 9	t/h	炉 F102 的进料
6	FIC1112	51. 9	t/h	炉 F103 的进料
7	FIC1207	61. 2	t/h	T104 塔底出料
8	FIC1117	6. 35	t/h	R101/1 洗涤水进料
9	FIC1118	6. 35	t/h	R101/2 洗涤水进料
10	FIC1116	6. 36	t/h	常一线汽提塔出料
11	FIC1115	7. 65	t/h	常二线汽提塔出料
12	FIC1114	8. 94	t/h	常三线汽提塔出料
13	FIC1108	25	t/h	常一中循环量
14	FIC1109	28	t/h	常二中循环量
15	FIC1211	11. 36	t/h	减二线汽提塔出料
16	FIC1210	11. 36	t/h	减三线汽提塔出料
17	FIC1209	10. 1	t/h	减四线汽提塔出料
18	FIC1203	59. 77	t/h	减一中循环量
19	FIC1204	46. 69	t/h	减二中循环量
20	FIC1208	17. 21	t/h	减一线汽提塔返回量
21	FIC1110	10. 9	t/h	常顶返回量
22	LIC1101	<50	%	R101/1 水位
23	LIC1102	<50	%	R101/2 水位
24	LIC1103	50	%	T101 油位
25	LIC1105	50	%	T102 油位
26	LIC1201	50	%	T104 油位
27	LIC1106	50	%	R102 油位
28	LIC1107	<50	%	R102 水位
29	LIC1108	50	%	常一线汽提塔油位
30	LIC1109	50	%	常二线汽提塔油位
31	LIC1110	50	%	常三线汽提塔油位
32	LIC1202	50	%	减一线汽提塔油位
33	LIC1203	50	%	减二线汽提塔油位
34	LIC1204	50	%	减三线汽提塔油位
35	LIC1205	50	%	减四线汽提塔油位
36	TIC1101		℃	与 H105/2 换热后原油温度
37	TIC1103		℃	与 H109/4 换热后原油温度
38	TIC1102		℃	与 H113/2 换热后原油温度

续表

序　　号	位　　号	正 常 值	单　　位	说　　明
39	TIC1104	368	℃	炉 F101 出口油温度
40	TIC1105	610	℃	炉 F101 炉膛温度
41	TIC1106	120	℃	常顶返回温度
42	TIC1107		℃	常一中返回温度
43	TIC1108		℃	常二中返回温度
44	TIC1201	385	℃	炉 F102 出口油温度
45	TIC1202	770	℃	炉 F102 炉膛温度
46	TIC1203	385	℃	炉 F103 出口油温度
47	TIC1204	730	℃	炉 F103 炉膛温度
48	TIC1205	70	℃	减一线返回温度
49	TIC1206		℃	减一中返回温度
50	TIC1207		℃	减二中返回温度
51	PDIC1101			R101/1 入口含盐压差
52	PDIC1102			R101/2 入口含盐压差
53	PIC1102	−2	mmHg	F101 炉膛负压
54	PIC1103	0. 3	MPa	F101 过热蒸汽压
55	PIC1201	−2	mmHg	F101 炉膛负压
56	PIC1202	0. 3	MPa	F102 过热蒸汽压
57	PIC1204	−2	mmHg	F101 炉膛负压
58	PIC1205	0. 3	MPa	F103 过热蒸汽压
59	ARC1101	4	%	F101 内含氧量
60	ARC1201	4	%	F102 内含氧量
61	ARC1202	4	%	F103 内含氧量

2. 仪表(表 1. 2)

表 1. 2　主 要 仪 表

序　　号	位　　号	正 常 值	单　　位	说　　明
1	FI1102		t/h	与 H105/2 换热油量
2	FI1103		t/h	与 H109/4 换热油量
3	FI1105		t/h	与 H104/11 换热油量
4	TI1101		℃	与 H106/4 换热后油温
5	TI1102		℃	R101/1 入口温度
6	TI1103		℃	R101/1 出口温度
7	TI1134		℃	与 H103/6 换热后油温

续表

序号	位号	正常值	单位	说明
8	TI1105		℃	T101 入口温度
9	TI1107		℃	T101 内温度
10	TI1132		℃	与 H104/11 换热后油温
11	TI1131		℃	T101 塔顶蒸汽温度
12	TI1106		℃	与 H104/14 换热后油温
13	TI1112	368	℃	F101 出口油温
14	TI1113	368	℃	F101 出口油温
15	TI1122	380~450	℃	F101 过热蒸汽出口温度
16	TI1123	210	℃	常一中出口油温
17	TI1124	270	℃	常二中出口油温
18	TI1125	35	℃	常顶返回油温
19	TI1126	175	℃	常一线出口油温
20	TI1127	245	℃	常二线出口油温
21	TI1128	296	℃	常三线出口油温
22	TI1129	343	℃	T102 塔底温度
23	TI1209	380~450	℃	F102 过热蒸汽出口温度
24	TI1222	380~450	℃	F103 过热蒸汽出口温度
25	TI1226	150	℃	减一线流出温度
26	TI1127	260	℃	减二线流出温度
27	TI1128	295	℃	减三线流出温度
28	TI1129	330	℃	减四线流出温度
29	TI1223	220	℃	减一中出口油温
30	TI1224	305	℃	减二中出口油温
31	TI1234		℃	脏洗油线温度
32	PI1101		MPa	T101 塔顶油气压力
33	PI1105	0.058	MPa	T102 塔顶油气压力
34	PI1207	-0.09	MPa	T104 塔顶油气压力

1.2.2 主要设备

1. 闪蒸塔 T101(表 1.3)

表 1.3 闪蒸塔 T101

名称	温度/℃	压力(表)/MPa	流量/(t/h)
进料流量	235	0.065	126.262
塔底出料	228	0.065	121.212
塔顶出料	230	0.065	5.05

2. 常压塔T102(表1.4)

表1.4 常压塔T102

名　称	温度/℃	压力(表)/MPa	流量/(t/h)
常顶回流出塔	120	0.058	
常顶回流返塔	35		10.9
常一线馏出	175		6.3
常二线馏出	245		7.6
常三线馏出	296		8.94
进料	345		121.2121
常一中出/返	210/150		24.499
常二中出/返	270/210		28.0
常压塔底	343		101.8

3. 减压塔(表1.5)

表1.5 减　压　塔

名　称	温度/℃	压力/MPa	流量/(t/h)
减顶出塔	70	-0.09	
减一线馏出/回流	150/50		17.21/13.
减二线馏出	260		11.36
减三线馏出	295		11.36
减四线馏出	330		10.1
进料	385		
减一中出/返	220/180		59.77
减二中出/返	305/245		46.687
脏油出/返			
减压塔底	362		61.98

4. 常压炉F101，减压炉F102，F103(表1.6)

表1.6 常压炉F101，减压炉F102，F103

名称	氧含量/%	炉膛负压/mmHg	炉膛温度/℃	炉出口温度/℃
F101	3~6	-2.0	610.0	368.0
F102	3~6	-2.0	770.0	385.0
F103	3~6	-2.0	730.0	385.0

1.3 冷态开车

1.3.1 开车准备

1. 开工具备的条件

(1) 与开工有关的修建项目全部完成并验收合格。

(2) 设备、仪表及流程符合要求。

(3) 水、电、汽、风及化验能满足装置要求。

(4) 安全设施完善，排污管道具备投用条件，操作环境及设备要清洁整齐卫生。

2. 开工前的准备

(1) 准备好黄油、破乳剂、20#机械油、液氨、缓蚀剂、碱等辅助材料。

(2) 原油含水不大于1%，油温不高于50℃，外操做好从罐区引燃料油的工作。

(3) 准备好开工循环油、回流油、燃料气(油)。

1.3.2　装油

1. 装油目的

装油是为了进一步检查机泵情况，检查和发现仪表在运行中存在的问题，脱去管线内积水，建立全装置系统的循环。

2. 常压装油

(1) 常压装油流程

原油罐→P101/1，2→R101/1，2→T101→P102/1，2→F101 对流室→F101 辐射室→T102

(2) 常压装油步骤

启动原油泵 P101/1，2，在泵图(图 1.1)页面上点 P101/1，2 一下，其中一个泵变绿色表示该泵已经开启；

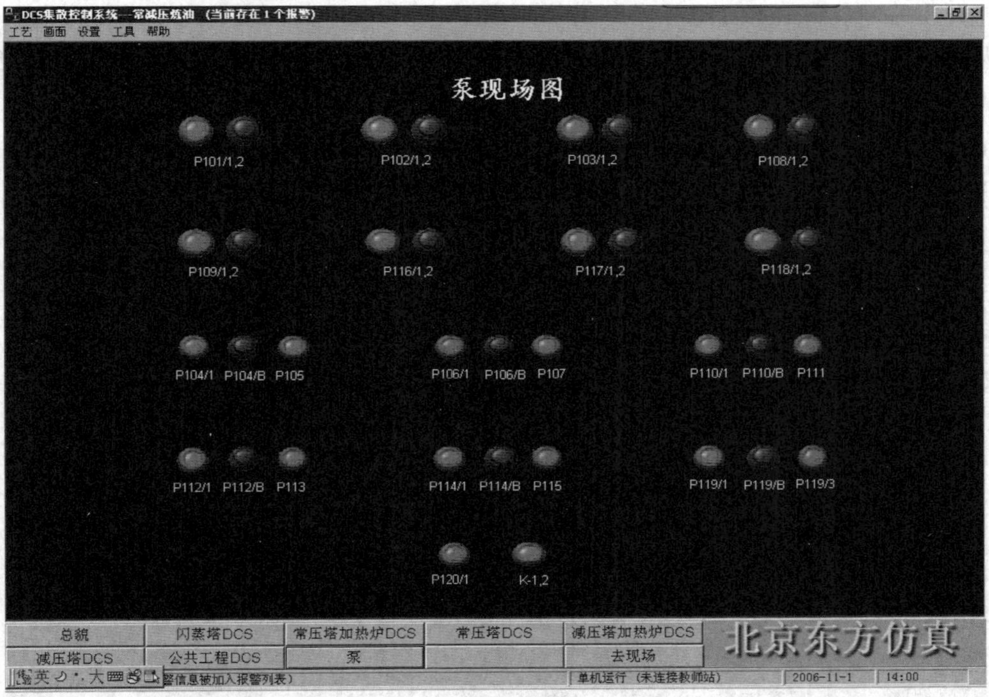

图1.1　泵现场图

在闪蒸塔 DCS 图(图 1.2)上打开调节阀 FIC1101、TIC1101，开度各为 50%，将原油引入装置，无特殊说明时，装油过程中将 DCS 调节阀开度初值设为 50%，将现场阀开度初值设为 100%，在后面的操作中再根据实际情况调节其大小；

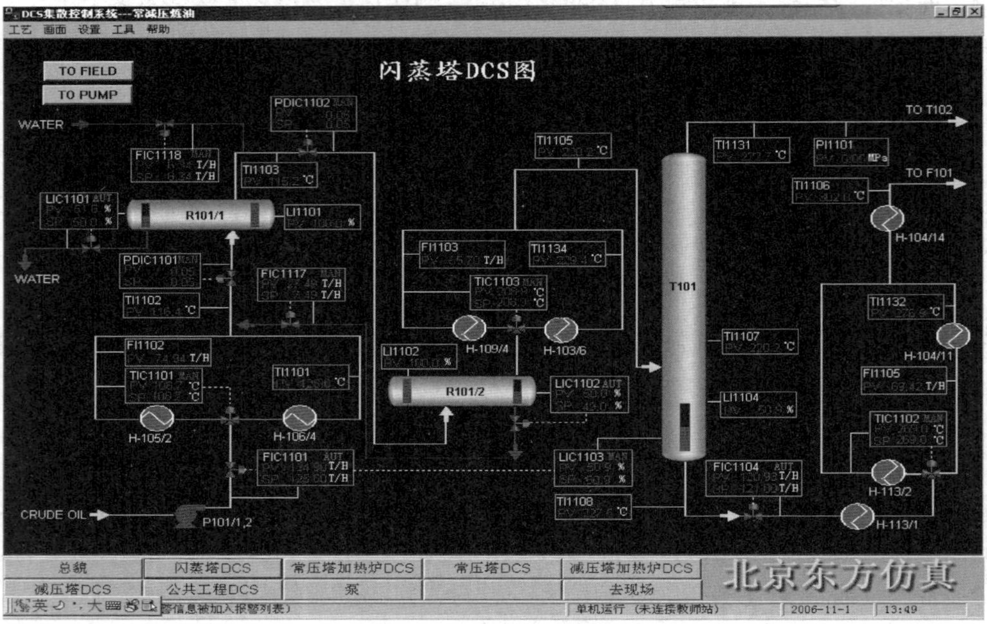

图 1.2 闪蒸塔 DCS 图

原油一路经换热器 H105/2，另一路经 H106/4 汇合；

打开压差调节阀 PDIC1101，在闪蒸塔现场图(图 1.3)上打开现场阀 VX0001；

两路混合后经压差调节阀 PDIC1101 和现场阀 VX0001 到电脱盐罐 R101/1，建立电脱盐罐 R101/1 的液位 LI1101，电脱盐罐液位满后才会流出；

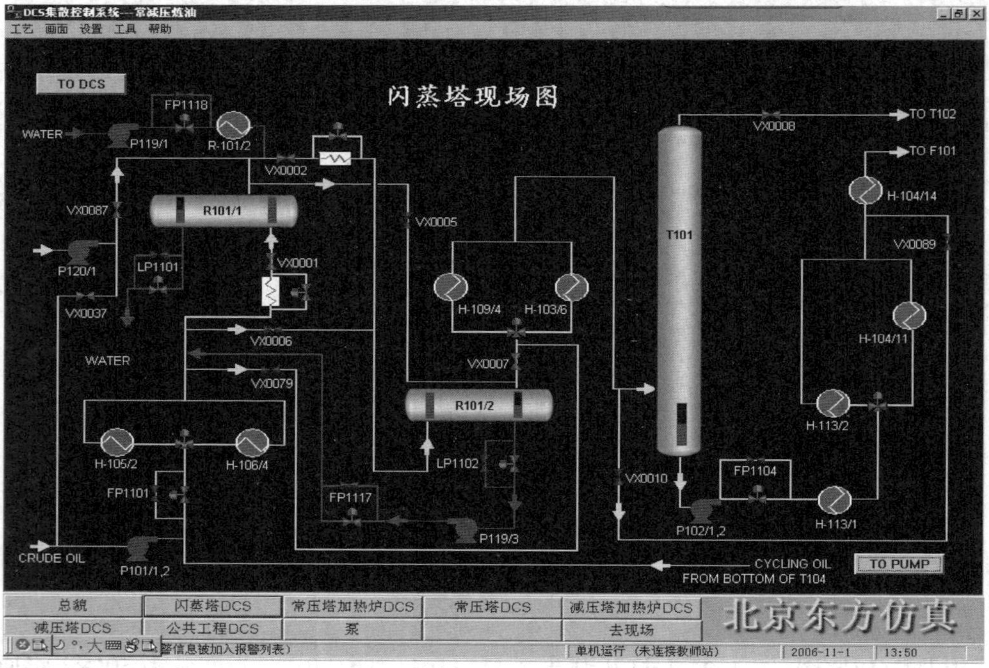

图 1.3 闪蒸塔现场图

再打开 PDIC1102 和现场阀 VX0002，引油到电脱盐 R101/2，建立电脱盐罐 R101/2 的液位 LI1102；

打开温度调节阀 TIC1103，到现场打开 VX0007，使电脱盐后的原油分两路，一路经换热器 H109/4，另一路经换热器 H103/6；到闪蒸塔（T101），建立闪蒸塔 T101 塔底液位 LIC1103；

待闪蒸塔 T101 底部液位 LIC1103 达到 50%时，启动闪蒸塔底泵 P102/1，2；

打开塔底流量调节阀 FIC1104，打开 TIC1102，油料流经换热器组 H113/2 和 H104/11，H104/14；

原油分两股进入常压炉（F101）；在常压塔加热炉的 DCS 图（图 1. 4）上打开进入常压炉的流量调节阀 FIC1106、FIC1107，原油经过常压炉（F101）的对流室、辐射室；

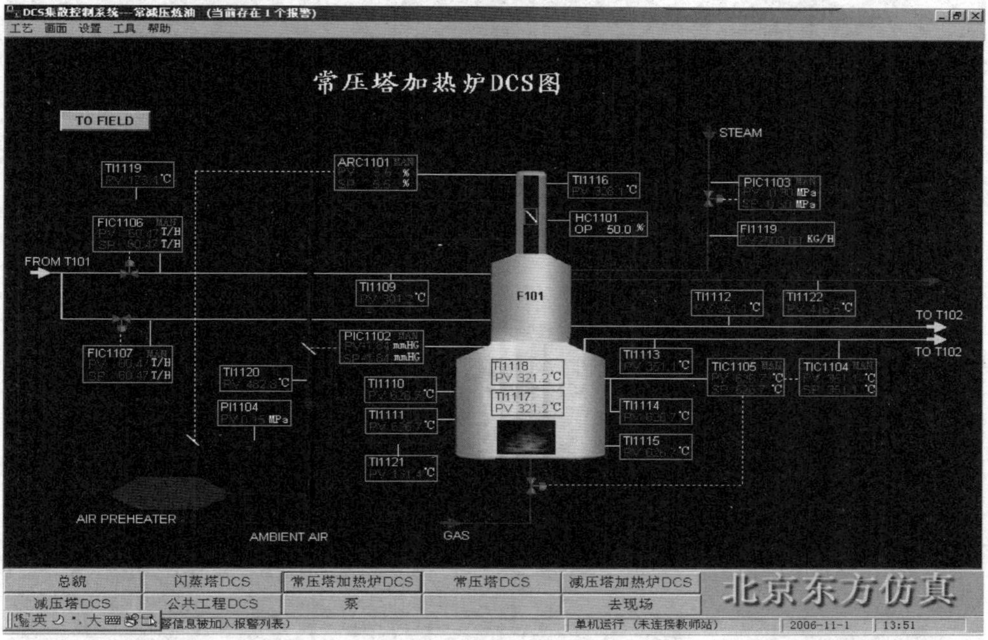

图 1. 4　常压塔加热炉 DCS 图

两股出料合并为一股进入到常压塔（T102）进料段（即显示的 TO T102）；

在常压塔 DCS 图（图 1. 5）上观察常压塔塔低液位 LIC1105 的值，并调节闪蒸塔进出流量阀（FIC1101 和 FIC1104），控制闪蒸塔塔底液位 LIC1103 为 50%左右（即 $PV=50$）。

3. 减压装油

（1）减压装油流程

T102 →P109/1，2 →F102，F103 →T104

（2）减压装油步骤

待常压塔 T102 底部液位 LIC1105 达到 50%时（即 $PV=50$），启动常压塔底泵 P109/1，2 其中一个；

打开 FIC1111 和 FIC1112，分两路进入减压炉 F102 和 F103 的对流室、辐射室；

经两炉 F102 和 F103 后混合成一股进料，进入减压塔 T104，如图 1. 6 所示。

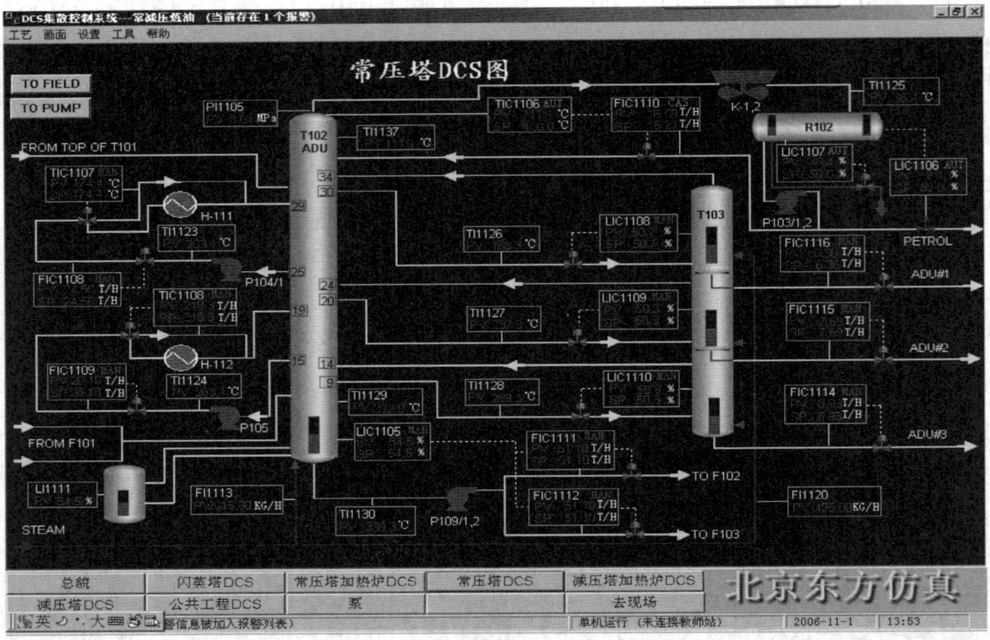

图 1.5 常压塔 DCS 图

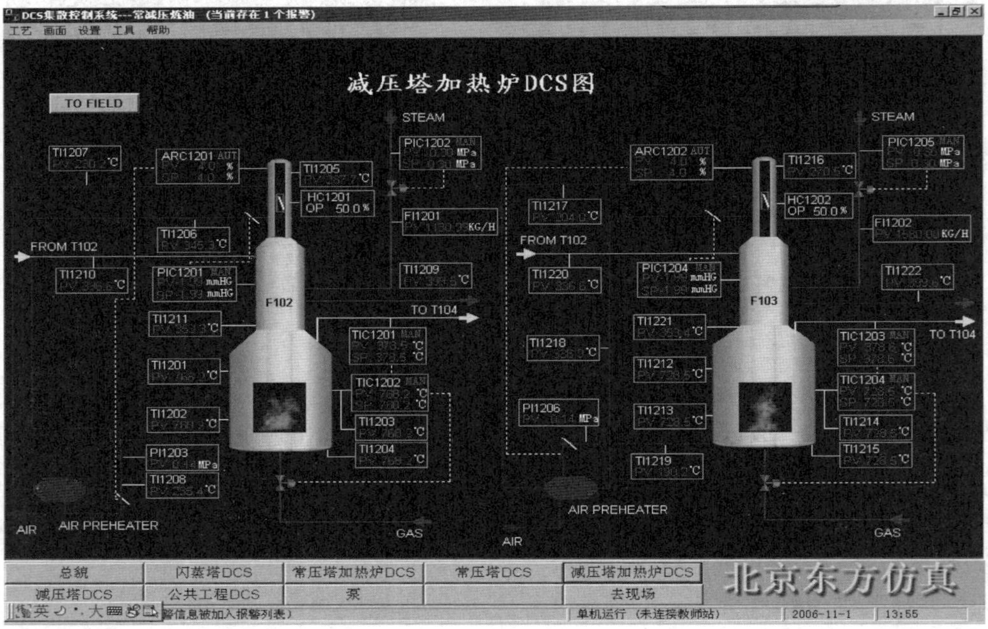

图 1.6 减压塔加热炉 DCS 图

如图 1.7 所示，待减压塔 T104 底部液位 LIC1201 达到 50%时(即 $PV=50$)，启动减压塔底 P117/1，2 其中一个；

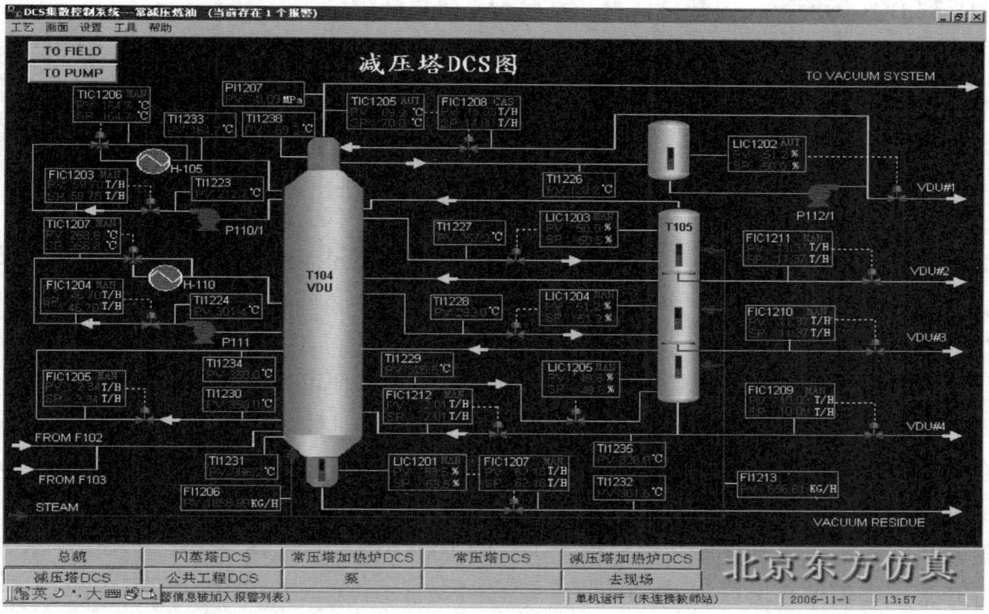

图 1.7　减压塔 DCS 图

打开减压塔塔底抽出流量控制阀 FIC1207，控制塔底液位为 50%左右并到减压系统图现场(图 1.8)打开开工循环线阀门 VX0040，然后停原油泵 P101/1，2，装油完毕。

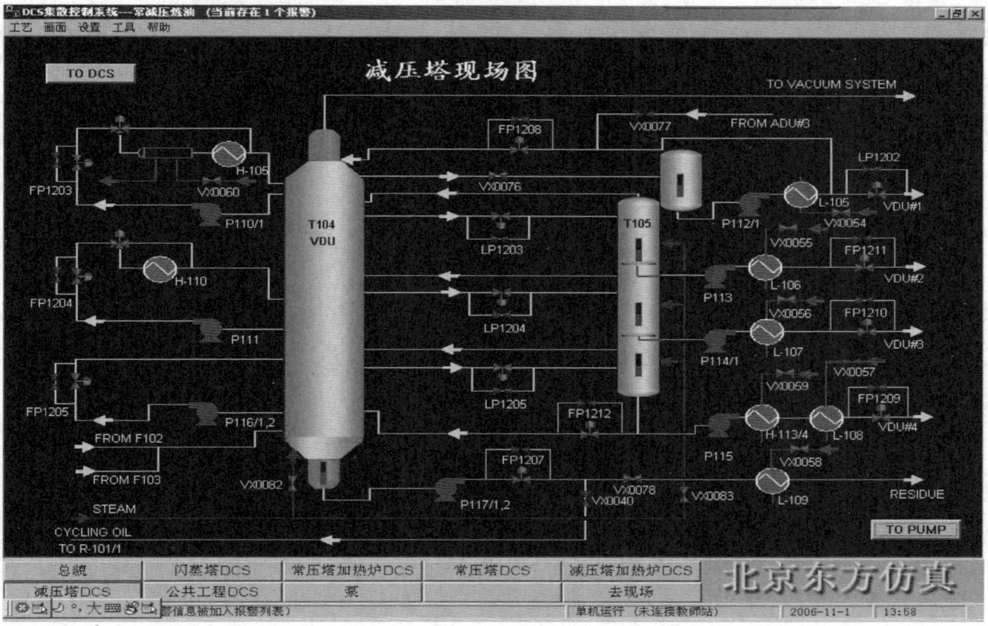

图 1.8　减压塔现场图

4. 常减压装油注意事项

(1) 看现场图的手阀是否打开，确认该路管线畅通。

（2）到 DCS 画面上，先开泵，再开泵后阀，建立液位。

（3）进油同时注意电脱盐罐 R101/1，2 切水。即：间断打开 LIC1101、LIC1102 水位调节阀，控制不超过 50%。

1.3.3 冷循环

1. 冷循环目的

冷循环主要是检查工艺流程是否有误，设备、仪表是否正常，同时脱去管线内部残存的水。

2. 冷循环步骤

待切水工作完成，各塔底液面偏高，在 50%左右后，便可进行冷循环。

（1）检查塔顶汽油，瓦斯流程是否打开，防止憋压，具体步骤如下：

在常压塔现场图（图 1.9）中打开闪蒸塔顶油气出口阀 VX0008，无特殊说明时，冷循环过程中现场阀开度的初值设为 50%；

打开从闪蒸塔出来到常压塔中部偏上进气阀 VX0019；

打开常压塔顶循环出口阀 VX0042；

打开常压塔 T102 塔顶冷却器 L101 冷凝水入口阀 VX0050；

打开不凝气由汽油回流罐（R102）到常压瓦斯罐（R103）的出口阀 VX0017；

打开由常压瓦斯罐（R103）冷却下来的汽油返回汽油回流罐（R102）的阀 VX0018；

打开常压瓦斯罐（R103）的排气阀 VX0020。

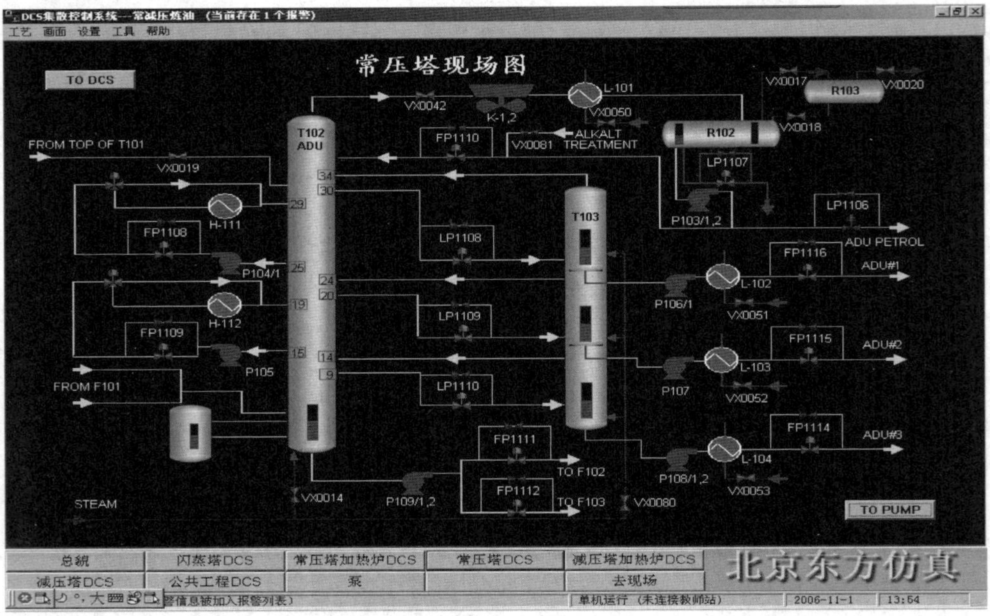

图 1.9　常压塔现场图

（2）R101/1，2 底部要经常反复切水：间断打开 LIC1101、LIC1102 水位调节阀，控制不超过 50%。

（3）冷循环时要控制好各塔液面稍过 50%左右（LIC1103、LIC1105、LIC1201），并根据各塔液面情况开原油泵进行补油。

（4）冷循环工艺参数平稳后，主要是3个塔液位控制在50%左右，在此做好热循环的各项准备工作。

（5）各塔底用泵切换一次，检查机泵运行情况是否良好(在该仿真中不做具体要求)。

（6）换热器、冷却器副线稍开，让油品自副线流过(在该仿真中不做具体要求)。

3. 冷循环注意事项

（1）仿真过程的冷循环要保持稳定一段时间(10min)。

（2）实际现场操作中需要启用全部有关仪表显示。

（3）如果循环油温度TI1109低于50℃，炉F101可以间断点火，但出口温度(TI1113或TI1112)不高于80℃。

1.3.4 热循环

1. 热循环目的

热循环是为了让装置在热状况下运行，查看各装置、管道等是否有问题，防止开工后造成不可挽回的损失。

2. 热循环操作步骤

（1）热循环准备工作

① 分别到各自现场图中打开T101，T102，T104的顶部阀门，防止塔内憋压，其中部分在前面已经开启。

② 到泵现场图启动空冷风机K1,2；到常压塔现场和减压塔现场打开各冷凝冷却器给水阀门，检查T102,T104馏出线流程是否完全贯通，防止塔内憋压，需要开启的有：

空冷风机K1,2；

常一线冷凝冷却器L102给水阀VX0051，无特殊说明时，热循环过程中现场阀开度的初值设为50%；

常二线冷凝冷却器L103给水阀VX0052；

常三线冷凝冷却器L104给水阀VX0053；

减一线冷凝冷却器L105给水阀VX0054；

减二线冷凝冷却器L106给水阀VX0055；

减三线冷凝冷却器L107给水阀VX0056；

减四线冷凝冷却器L108给水阀VX0057；

减压塔底出料冷凝冷却器L109给水阀VX0058；

减四线软水换热器H113/4给水阀VX0059；

减压塔T104减一中给水阀VX0060。

③ 循环前到闪蒸塔现场将原油入电脱盐罐副线阀门(VX0079、VX0006、VX0005)全开，甩开电脱盐罐R101/1，2，防止高温原油烧坏电极棒。开电脱盐罐副线时会引起入电脱盐罐原油流量的变化，要注意调节各塔的液位(LIC1103、LIC1105、LIC1201)。

（2）热循环升温、热紧过程

① F101，F102，F103开始升温，起始阶段以炉膛温度为准，前两小时温度不得大于300℃，2h以炉F101出口温度为主，以每小时20~30℃速度升温。在这里我们只要适当控

制升温速度即可，不要太快，步骤②、③在这里可省去，实际在工厂要严格按升温曲线进行升温操作。

常压炉 F101 升温：在常压炉的 DCS 图中打开烟道挡板 HC1101，开度为 50%，打开风门 ARC1101，开度为 50%左右，打开 PIC1102，开度逐渐开大到 50%，调节炉膛负压，到现场图(图 1.10)打开自然风，打开 VX0013，开度为 50%左右，点燃点火棒，点击 IGNITION 为开状态。再在 DCS 画面中稍开瓦斯气流量调节阀 TIC11105，逐渐开大调节温度，见到加热炉底部出现火燃标志图证明加热炉点火成功，开启炉 F101 的过热蒸汽调节阀 PIC1103，开度为 50%。

减压炉 F102 升温：在减压炉的 DCS 图中打开烟道挡板 HC1201，开度为 50%，打开风门 ARC1201，开度为 50%左右，打开 PIC1201，开度逐渐开大到 50%，调节炉膛负压，到现场打开自然风，打开 VX0046，开度为 50%左右，点燃点火棒，点击 IGNITION 为开状态。再在 DCS 画面中稍开瓦斯气流量调节阀 TIC11202，逐渐开大调节温度，见到加热炉底部出现火燃标志图证明加热炉点火成功，开启炉 F102 的过热蒸汽调节阀 PIC1202，开度为 50%。

减压炉 F103 升温：在减压炉的 DCS 图中打开烟道挡板 HC1202，开度为 50%，打开风门 ARC1202，开度为 50%左右，打开 PIC1204，开度逐渐开大到 50%，调节炉膛负压，到现场打开自然风，打开 VX0025，开度为 50%左右，点燃点火棒，点击 IGNITION 为开状态。再在 DCS 画面中稍开瓦斯气流量调节阀 TIC11204，逐渐开大调节温度，见到加热炉底部出现火燃标志图证明加热炉点火成功，开启炉 F103 的过热蒸汽调节阀 PIC1205，开度为 50%。

调节时可调节自然风风门、瓦斯及烟道挡板的开度，来控制各指标。实际加热炉的操作包括烘炉等细节，这里不做具体要求。

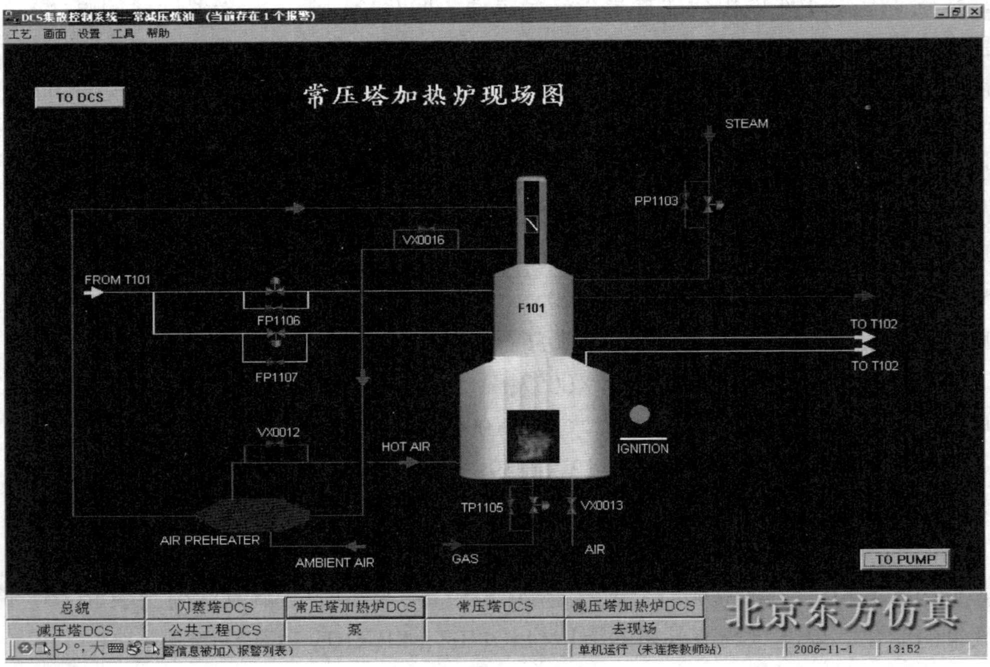

图 1.10 常压塔加热炉现场图

② 当炉 F101 出口温度升至 100~120℃时，恒温 2h 脱水，至 150℃恒温 2~4h 脱水。

③ 恒温脱水至塔底无水声，回路罐中水减少，进料段温度与塔底温度较为接近时，F101 开始以 每小时 20~25℃的速度升温至 250℃时恒温，全装置进行热紧。

④ F102，103 出口温度 TIC1201、TIC1203 始终保持与炉 F101 出口温度 TIC1104 平衡，温差不得大于 30℃。

⑤ 常压塔顶温度 TIC1106 升至 100~120℃时，联系轻质油引入汽油开始打顶回流，在常压塔塔顶回流现场图中打开轻质油线阀 VX0081，打开 FIC1110，开度要自己调节，此时严格控制水液面 LIC1107，严禁回流带水。

⑥ 常压炉 F101 出口温度 TIC1104 升至 300℃时，常压塔自上而下开侧线，开中段回流。

常一线：LIC1108、FIC1116、泵 P106/1；

常二线：LIC1109、FIC1115、泵 P107；

常三线：LIC1110、FIC1114、泵 P108/1，2；

常一中：FIC1108、TIC1107、泵 P104/1；

常二中：FIC1109、TIC1108、泵 P105。

升温阶段即脱水阶段，塔内水分在相应的压力下开始大量汽化，所以必须加倍注意，加强巡查，严防 P102/1，2，P109/1，2，P117/1，2 泵抽空。并根据各塔液面情况进行补油。同时再次检查塔顶汽油线是否导通，以免憋压。

3. 热循环注意事项

(1) 热循环过程中要注意整个装置的检查，以防泄漏或憋压。

(2) 各塔底泵运行情况，发现异常及时处理。

(3) 严格控制好各塔底液面，随时补油(升温阶段即脱水阶段，塔内水分在相应的压力下开始大量汽化，所以必须特别注意)。

(4) 升温同时打开炉 F101，F102，F103 过热蒸汽(分别在常压塔加热炉和减压塔加热炉的 DCS 画面中打开 PIC1103，PIC1202，PIC1205，开度为 50%即可)，并放空，防止炉管干烧。

1.3.5　常压系统转入正常生产

1. 操作流程

(1) 切换原油

① T102 自上而下开完侧线后，启动原油泵。将渣油改出装置。启用渣油冷却器 L109/2，将渣油温度控制在 160℃以内，在减压塔 T104 现场打开渣油出口阀 VX0078，关闭开工循环线 VX0040，原油量控制在 70~80t/h。

② 导好各侧线，冷换热设备及外放流程，关闭放空，待各侧线来油后，联系调度和轻质油，并启动侧线泵、侧线外放(前面已经打开)。

③ 当过热蒸汽温度(TI1122)超过 350℃时，缓慢打开 T102 底吹汽现场开启 VX0014、常压塔 T102 各侧线吹蒸汽阀 VX0080，关闭过热蒸汽放空阀(仿真中没做)。

④ 待生产正常后缓慢将原油量提至正常(参数见指标表格)。

(2) 常压塔正常生产

① 切换原油后，炉 F101 以 20℃/h 的速度升温至工艺要求温度。

② 炉 F101 抽空温度正常后，常压塔自上而下开常一中、常二中回流(前面已经做开启了)。

③ 原油入脱盐罐温度 TI1102 低于 140℃时，将原油入脱盐罐副线开关关闭。

④ 司炉工控制好炉 F101 出口温度，常压技工按工艺指标和开工方案调整操作，使产品尽快合格，及时联系调度室将合格产品改入合格罐。

⑤ 根据产品质量条件控制侧线吹汽量。

2. 操作步骤

(1) 启动原油泵 P101/1，原油量控制在 70~80t/h，待生产正常后缓慢提至正常；

(2) 启动原油泵 P101/2(备用)；

(3) 开启 T104 塔底油渣出口现场阀 VX0078，将渣油改出装置；

(4) 关闭开工循环线 VX0040(T104 塔底现场阀)；

(5) 原油入脱盐罐温度 TI1102 低于 140℃时，关副线阀 VX0005、VX0006、VX0079；

(6) 开启 T102 塔底蒸汽入口阀 VX0014，向 T102 底吹蒸汽；

(7) 开启 T102 各侧线吹蒸汽阀 VX0080。

3. 注意事项

(1) 控制好 R102 汽油液面 LIC1106 及水液面 LIC1107，待汽油液面正常后停止补汽油，用本装置汽油打回流。

(2) 过热蒸汽压力 PIC1103 控制在 0.3~0.35MPa，温度 TI1122 控制在 380~450℃。开塔顶部吹汽时要先放净管线内冷凝水，再缓慢开汽，防止蒸汽吹翻塔盘。

(3) R101/1，2 送电，脱盐工做好脱盐罐切水工作，防止原油含水过大影响操作。

(4) 严格控制好侧线油出装置温度。

(5) 通知化验室按时作分析。

1.3.6 减压系统转入正常生产

1. 操作步骤

(1) 开侧线

① 当常压开侧线后，减压炉开始以 20℃/h 的速度升温至工艺指标要求的范围内。

② 当过热蒸汽温度超过 350℃开减压塔底吹汽，现场打开 VX0082、减压塔 T104 各侧线吹蒸汽现场阀 VX0083，关过热蒸汽放空(仿真中没做)。

③ 当炉 F102、F103 出口温度 TI1209、TI1222 升至 350℃时，在图 1.11 中打开炉 F102、F103 开炉管注汽 VX0021、VX0026。

④ 减压塔开始抽真空。

抽真空分三段进行：

第一段：0~200mmHg*；

第二段：200~500mmHg；

第三段：500~最大 mmHg。

操作步骤：在公用工程现场图(图 1.12)上，先打开冷却水现场阀 VX0086，然后依次打

---

* mmHg 是压力单位，1mmHg=133.3Pa。

开抽一线现场阀 VX0084、抽二线现场阀 VX0085 等抽真空阀门，并打开 VX0034 和泵 P118/1，2。

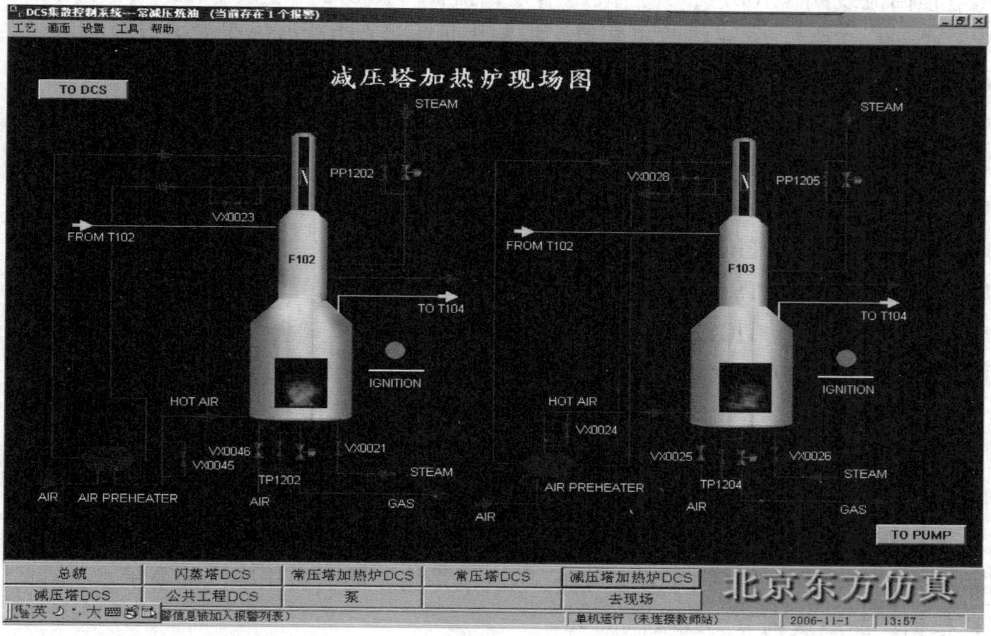

图 1.11　减压塔加热炉现场图

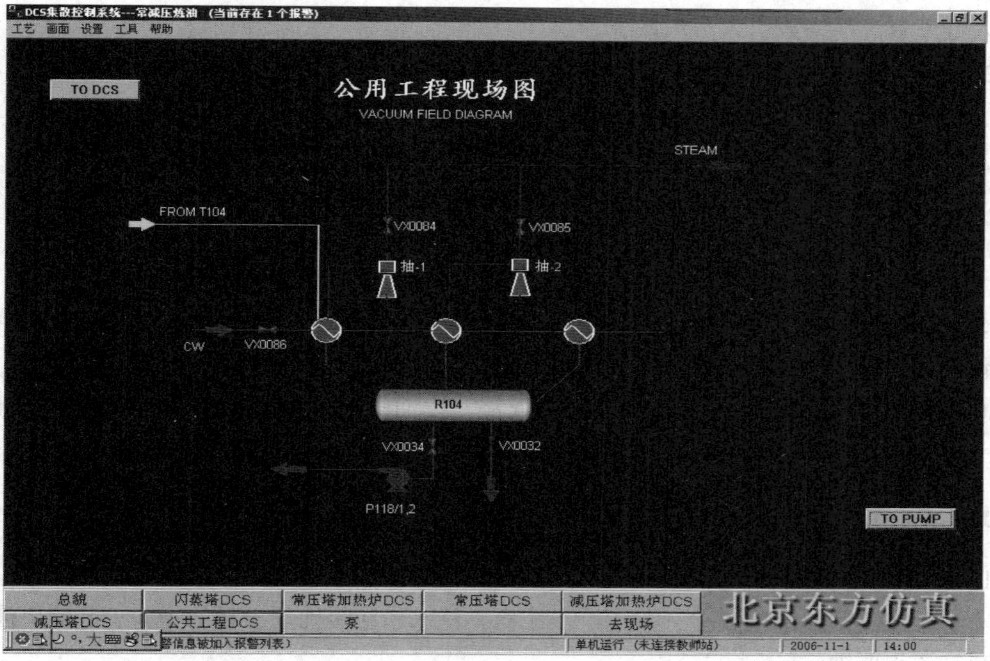

图 1.12　公用工程现场图

⑤ T104 顶温度超过工艺指标时，将常三线油倒入减压塔顶打回流(即开减压塔顶回流线汽油入口阀 VX0077)，待减一线有油(即 LIC1202 大于 0)后，改减一线本线打回流(即关闭减压塔顶回流线阀 VX0077，开启减压塔顶回流阀 VX0076，开泵 P112/1，开减压塔顶回流量调节阀 FIC1208)，常三线改出装置，控制塔顶温度(TIC1205)在指标范围内。

⑥ 减压塔自上而下开侧线。操作方法与常压步骤基本相同。

减一线：LIC1202；

减二线：LIC1203、FIC1211、泵 P113；

减三线：LIC1204、FIC1210、泵 P114/1；

减四线：LIC1205、FIC1209、泵 P115；

减一中：FIC1203、TIC1206、泵 P110/1；

减二中：FIC1204、TIC1207、泵 P111；

脏洗油系：FIC1205、泵 P116/1。

(2) 调整操作

① 当炉 F102，F103 出口温度达到工艺指标后，自上而下开中段回流，开回流时先放净设备管线内存水，严禁回流带水。

② 侧线有油后联系调度室、轻质油，启动侧线泵将侧线油改入催化料或污油罐。

③ 倒好侧线流程，启动 P116/1，2 开脏洗油系统，同时启用净洗油系统。

④ 根据产品质量调节侧线吹汽流量。

⑤ 司炉工稳定炉出口温度，减压技工根据开工方案要求尽快调整产品使其合格，将合格产品改进合格罐。

⑥ 将软化水引入装置，启用蒸汽发生器系统。自产气先排空，待蒸汽合格不含水后，再并入低压蒸汽网络或引入蒸汽系统。

2. 注意事项

① 开炉管注汽，塔部吹气应先放净管线内冷凝存水。

② 过热蒸汽压力控制在 0. 25~0. 3MPa，温度控制在 380~450℃范围内。

③ 抽真空前先检查抽真空系统流程是否正确。抽真空后，检查系统是否有泄漏，控制好 R104 液面。

④ 控制好蒸汽发生器水液面，自产蒸汽压力不大于 0. 6MPa。

⑤ 开净洗油、脏洗油系统，应先放尽过滤器、调节阀等低点冷凝水。应缓慢开启，防止吹翻塔盘。

⑥ 常三线油引入减顶打回流前必须检查常三线油颜色，防止黑油污染减压塔。打回流时减一线流量计、外放调节阀走副线。

1.3.7 投用一脱三注

1. 目的

一脱三注包括原油电脱盐，分馏塔顶注氨、注水、注缓蚀剂，目的是为了脱除原油中的盐和减轻塔顶腐蚀。

一脱三注是炼厂中行之有效的防腐措施。原油中含有少量盐，水解产生氯化氢气体，形成 $HCl-H_2S-H_2O$ 腐蚀介质，造成常压塔顶塔盘、冷凝系统的腐蚀。注氨是为了中和此过程中产生的酸。

2. 操作流程

（1）生产正常后，将原油入电脱盐温度 TI1102 控制在 120～130℃，压力控制在 0.8～1.0MPa 范围内，电流不大于 150A。然后开始注入破乳剂、水。

（2）常顶开始注氨，注破乳剂。

3. 操作步骤

在闪蒸塔现场图上打开破乳剂泵 P120/1 和水泵 P119/1、P119/3，然后打开出口阀 VX0037、VX0087，开度 50%，在 DCS 图上，打开 FIC1117、FIC1118，开度均为 50%。

1.3.8 调制平衡

1. 目的

用自动化仪表来减轻人工工作负担，并能准确、及时地了解装置情况，保证装置正常平稳生产。

2. 操作步骤

生产正常，各项操作工艺指标达到要求后，进行调节。

（1）闪蒸塔底液位 LIC1103 投自动，SP=50；原油进料流量 FIC1101(PV)接近 125 时投串级。

（2）闪蒸塔底出料 FIC1104 投自动，SP=121。

（3）常压炉出口温度 TIC1104 投自动，SP=368；炉膛温度 TIC1105 投串级；风道含氧量 ARC1101 投自动，SP=4；炉膛负压 PIC1102 投自动，SP=-2；烟道挡板开度 HC1101 投手动，OP=50。

（4）常压塔塔底液位 LIC1105 投自动，SP=50；塔底出料 FIC1111，FIC1112 都投串级；塔顶温度 TIC1106 投自动，SP=120；塔顶回流量 FIC1110 投串级；

塔顶分液罐 V102 油液位 LIC1106 投自动，SP=50；水液位 LIC1107 投自动，SP=50。

（5）减压炉出口温度 TIC1201 和 TIC1203 投自动，SP=385；炉膛温度 TIC1202 和 TIC1204 投串级；风道含氧量 ARC1201 和 ARC1202 投自动，SP=4；炉膛负压 PIC1201 和 PIC1204 投自动，SP=-2；烟道挡板开度 HC1201 和 1202 投手动，OP=50。

（6）减压塔塔底液位 LIC1201 投自动，SP=50；塔底出料 FIC1207 投串级；塔顶温度 TIC1205 投自动，SP=70；塔顶回流量 FIC1208 投串级；LIC1202 投自动，SP=50。

（7）现场各换热器、冷凝器手阀开度为 50，即 OP=50。各塔底注气阀开度为 50。抽真空系统蒸汽阀开度为 50。泵的前后手阀开度为 50。

（8）所有液位及各油品出料根据生产情况投自动。

1.4 装置正常停工过程

正常停工包括停电脱盐系统、常压减压降量关侧线、炉子熄火污油改出装置三个阶段。值得注意的是，现场操作必须要按照正规流程进行，在仿真实习训练过程中，部分环节可以不做要求。

1.4.1 停电脱盐系统

1. 流程

(1) 停电脱盐系统

打开 R101/1, 2 原油副线阀门，关闭 R101/1, 2 进出口阀门，停止注水、注剂。静止送电 30min 后开始排水，使原油中水分充分沉降。

(2) R101/1, 2 降量

① 停止送电 30min 后开始排水，使原油中水分充分沉降。

② 待 R101/1, 2 内污水排净后，启动 P119/1, 2 将 R101/1, 2 内原油自原油循环线打入原油线回炼。

③ R101/1, 2 内原油退完后，将常二线油自脱盐罐冲洗线倒入 R101/1, 2 内冲洗 1h 后，在罐底排污线放空。

2. 操作步骤

(1) 打开 R101/1, 2 原油副线阀门 VX0079，关闭 R101/1, 2 进出口阀门 VX0001、出口阀 VX0007、原油改走 R101/1, 2 副线；

(2) 关闭注水阀 FIC1117、FIC1118，停止注水；

(3) 关闭注破乳剂阀 VX0087、VX0037，停止注剂。

1.4.2 常压减压降量关侧线

1. 流程

(1) 当原油量降至正常指标的 60%~70%时开始降炉温。炉出口温度以 25~30℃/h 的速度均匀降温。

(2) 降温时将各侧线油品改入催化料或污油罐，常减压各侧线及汽油回流罐控制高液面，作洗塔用。

(3) 炉 F101 出口温度降到 280℃左右时，常压塔开始自上而下关侧线，停中段回流，各侧线及汽油停止外放。

(4) 炉 F102, F103 出口温度降到 320℃左右时，减压塔开始自上而下关侧线，停中段回流，各侧线及汽油停止外放。

(5) 减压塔破真空。减压塔破真空分三个阶段进行：第一阶段：正常值~500mmHg；第二阶段：正常值 500~250mmHg；第三阶段：正常值 250~0mmHg。

(6) 当过热蒸汽出口温度降至 300℃时，停止所有塔部吹气，进行放空。

2. 操作步骤

将常一线汽提塔液位控制阀 LIC1108 打手动并关闭，关闭泵 P106/1；

将常二线汽提塔液位控制阀 LIC1109 打手动并关闭，关闭泵 P107；

将常三线汽提塔液位控制阀 LIC1110 打手动并关闭，关闭泵 P108；

将常一线中段回流流量控制阀 FIC1108 打手动并关闭，关闭泵 P104/1；

将常二线中段回流流量控制阀 FIC1109 打手动并关闭，关闭泵 P105；

关闭现场阀 VX0076，停减一线，停泵 P112/1；

将减二线汽提塔液位控制阀 LIC1203 打手动并关闭，关闭泵 P113；

将减三线汽提塔液位控制阀 LIC1204 打手动并关闭，关闭泵 P114/1；
将减四线汽提塔液位控制阀 LIC1205 打手动并关闭，关闭泵 P115；
将减一线中段回流流量控制阀 FIC1203 打手动并关闭，关闭泵 P110/1；
将减二线中段回流流量控制阀 FIC1204 打手动并关闭，关闭泵 P111；
关闭脏洗油系统流量控制阀 FIC1205，停泵 P116/1；
关闭公用工程现场阀 VX0084，VX0085，减压塔破真空；
关闭常压塔 T102 现场阀 VX0014，停进塔蒸汽；
关闭常压塔汽提塔 T103 现场阀 VX0080，停进塔蒸汽；
关闭减压塔 T104 现场阀 VX0082，停进塔蒸汽；
关闭减压塔汽提塔 T105 现场阀 VX0083，停进塔蒸汽。

1.4.3 炉子熄火污油改出装置

1. 流程

（1）常压塔关完侧线后，立即停原油泵，改为循环流程进行全装置循环。

（2）减压塔关侧线后，将减压侧线油倒入减压塔打回流洗塔。减侧线油打完后将常压各侧线倒入减压塔顶回流洗塔，直到各侧线油打完为止。

注意：将侧线油倒入减一线打回流时应打开减一线流量计和外放调节阀的副线阀门。

（3）将汽油回流罐内汽油全部打入常压塔顶洗常压塔，塔顶温度过低时停空冷。

（4）炉子对称关火嘴，继续降温，炉出口温度降至 180℃时停止循环，炉子熄火，风机不停。待炉膛温度降至 200℃时停风机，打开防爆门加速冷却，过热蒸汽停掉。

（5）炉子熄火后，将各塔底油全部打出装置。

2. 操作步骤

停原油泵；
开启 T104 现场阀 VX0040，关 VX0078 打循环；
依次停燃气阀 TIC1105、TIC1202、TIC1204，炉 F101、F102、F103 熄火；
炉膛温度降至 200℃时，停风机 K1,2；
炉子熄火后，开阀 VX0078 将各塔底油全部打出装置。

1.5 装置紧急停车

1.5.1 原因

装置发生重大事故，经努力处理仍不能保持安全生产时应紧急停车，以确保装置的安全，不致使事故扩大。

1.5.2 现场流程

（1）加热炉立即熄火。

（2）停止原油进料，关各馏出阀、注气阀，破真空，认真退油，关塔部吹气，过热蒸汽改为放空。

(3) 将不合格油品改进污油罐。

(4) 对局部着火部位应及时切断火源，加强灭火。

(5) 尽量维持局部循环，尽量按正常的停工方法处理。

1.5.3 操作步骤

关闭加热炉 F101、F102、F103 相应的进燃气阀 TIC1105、TIC1202、TIC1204，并将加热炉立即熄火；

关闭泵 P101/1，停止原油进料；

关常一线馏出阀 FIC1116，停泵 P106/1；

关常二线馏出阀 FIC1115，停泵 P107；

关常三线馏出阀 FIC1114，停泵 P108/1；

关减一线馏出阀 FIC1202，停泵 P112/1；

关减二线馏出阀 FIC1211，停泵 P113；

关减三线馏出阀 FIC1210，停泵 P114/1；

关减四线馏出阀 FIC1209，停泵 P115；

关闭真空系统蒸汽阀 VX0084、VX0085；

关闭塔 T102 底部吹气阀 VX0014、VX0080；

关闭塔 T104 底部吹气阀 VX0082、VX0083。

1.5.4 注意事项

减压破真空时，不能太快，要关闭瓦斯放空阀。

1.6 事故处理

1.6.1 原油中断

1. 原因

原油泵 P101/1 故障。

2. 现象

塔液面下降，塔进料压力降低，塔顶温度升高。

3. 处理方法

(1) 切换原油泵 P101/2；

(2) 不能恢复正常时，按停工处理。

1.6.2 循环水中断

1. 原因

供水单位停电或水泵出故障不能正常供水。

2. 现象

(1) 油品出装置温度升高；

(2) 减顶真空度急剧下降。

3. 处理方法

(1) 停水时间短，降温降量，维持最低量生产，或循环；

(2) 停水时间长，按紧急停工处理。

1.6.3　常压塔底泵停

1. 原因

泵出故障，被烧或供电中断。

2. 现象

(1) 泵出口压力下降，常压塔液面上升；

(2) 加热炉熄火，炉出口温度下降。

3. 处理方法

切换备用泵。

1.6.4　原油含水

1. 原因

原油供应紧张。

2. 现象

原油泵可能抽空，闪蒸塔液面下降，压力上升。

3. 处理方法

加强电脱盐罐操作，加强切水。

1.7　评分细则

1.7.1　评分规则

(1) 过程的开始和结束是以起始条件和终止条件来决定的，起始条件满足则过程开始，终止条件满足则过程结束。操作步骤的开始是以操作步骤的起始条件和本操作步骤所对应的过程的起始条件来决定的，必须满足操作步骤的上一级过程的起始条件和操作步骤本身的起始条件时，这个操作步骤才可开始操作。如果操作步骤没有起始条件，那么，只要其上一级过程的起始条件满足即可操作。

(2) 操作步骤评定有三级，由评分权区分，对于高级评分，过程基础分给得低，操作步骤分给得高，而低级评分，则是过程基础分给得高，操作步骤分给得低。操作质量的评定与操作步骤有所不同，由于对于不同的工况各个质量指标开始评定和结束评定的条件不一样，而质量指标的参数是一样的。

(3) 过程只给基础分，步骤只给操作分。基础分在整个过程完成后给予操作者，步骤分则视该步骤完成情况给予操作者。

(4) 一个过程的起始条件没有满足时，终止条件不予评判，因此也不会满足。

(5) 过程终止条件满足时，其子过程及所有过程下的步骤都不再参与评判，也就是这个过程中没有进行完毕的过程或步骤都不会再完成了，分也得不到。

(6) 操作步骤起始条件未满足，而动作已经完成，则认为此步骤错误，分数完全扣掉。

(7) 步骤起始条件未满足，而动作已经完成，则认为此步骤错误，分数完全扣掉。

(8) 对质量指标来说，评判其好与不好是根据指标在设定值上、下的偏差来决定的。质量指标的上下允许范围内的数值不扣分，超过了允许范围要扣分，直至该指标得分为 0 止。

(9) 评分时对冷态开车评定步骤和质量，对于正常停车只评定步骤分。

1.7.2 冷态开车质量评分

冷态开车质量评分如表 1.7 所示。

表 1.7 冷态开车质量评分表

评分位号	位号描述	正常值	偏差	分权
TIC 1106	T102 塔顶温度控制	120.00	±10.00	10 分
TIC 1105	F101 炉膛温度控制	610.00	±30.00	10 分
TIC 1104	F101 出口温度控制	368.00	±30.00	10 分
TIC 1205	T104 塔顶温度控制	70.00	±10.00	10 分
TIC 1202	F102 炉膛温度控制	770.00	±30.00	10 分
TIC 1201	F102 出口温度控制	385.00	±30.00	10 分
TIC 1204	F103 炉膛温度控制	730.00	±30.00	10 分
TIC 1203	F103 出口温度控制	385.00	±30.00	10 分
PI 1105	T102 塔顶压力	0.058	±0.002	10 分
PIC 1102	F101 炉膛负压	-2	±0.20	10 分
PI 1207	T104 塔顶压力	-0.09	±0.02	10 分
PIC 1201	F102 炉膛负压	-2	±0.20	10 分
PIC 1204	F102 炉膛负压	-2	±0.20	10 分
ARC 1101	F101 出口含氧量	4.8	±1.80	10 分
ARC 1201	F102 出口含氧量	4	±1.0	10 分
ARC 1202	F103 出口含氧量	4	±1.00	10 分

1.8 简单控制方案

1.8.1 炉膛负压的控制

炉膛的负压大小主要由风门及烟道挡板开度决定，炉膛负压大应开大烟道挡板或开大风门，炉膛负压小应开大烟道挡板，或关小风门。

1.8.2　加热炉出口氧含量的控制

过剩空气系数大小直接影响加热炉热效率。过剩空气的调节与炉膛负压调节密切相关，要获得合适的抽力和过剩空气，烟道挡板与燃烧器调风器应联合调节。若加热炉过剩空气系数高且负压高，应关小烟道挡板；若加热炉低过剩空气系数且低负压，应开大烟道挡板；若加热炉过剩空气系数高且负压低，应关小风门；若加热炉过剩空气系数低且负压高，应开大风门。

1.8.3　塔顶温度

主要靠回流控制。

第2章 催化裂化反应再生工艺

2.1 工艺简介

2.1.1 背景

催化裂化是重质石油烃类在催化剂的作用下反应生成液化气、汽油和柴油等轻质油品的主要过程，在汽油和柴油等轻质油品的生产中占有很重要的地位。特别是在我国，大约80%的汽油和1/3的柴油均来自催化裂化工艺。

传统的催化裂化原料是重质馏分油，主要是直馏减压馏分油(VGO)，也包括焦化重馏分油(CGO)。由于对轻质油品的需求不断增长及技术的进步，近20年来，一些重或渣油也作为催化裂化的原料，例如减压渣油、溶剂脱沥青油、加氢处理重油等。一般都是在减压馏分油中掺入上述重质原料，其掺入的比例主要受制于原料的金属含量和残炭值。对于一些金属含量很低的石蜡基原油也可以直接用常压重油作为原料。当减压馏分油中掺入更重质的原料时通称为重油催化裂化。

原料油在500℃左右、0.2~0.4atm及与裂化催化剂接触的条件下，经裂化反应生成气体、汽油、柴油、油浆(可循环作原料)及焦炭。反应产物的产率与原料性质、反应条件及催化剂性能有密切的关系。在一般工业条件下，气体产率约10%~20%，其中主要是C_3、C_4，且其中的烯烃含量可达50%(体积分数)左右；汽油产率约30%~60%(质量分数)，其研究法辛烷值约85~95，安定性也较好；柴油产率约20%~40%(质量分数)，由于含有较多的芳香烃，其十六烷值较直馏柴油低，由重油催化裂化所得的柴油的十六烷值更低，而且其安定性也较差；焦炭产率约5%~7%(质量分数)，原料中掺入渣油时的焦炭产率则更高些，可达8%~10%(质量分数)。焦炭是裂化反应的缩合产物。它的碳氢比很高，其原子比约为1.0∶(0.3~1.0)，它沉积在催化剂的表面上，只能用空气烧去而不能作为产品分离出来。

催化裂化气体富含烯烃，是宝贵的化工原料和合成高辛烷值汽油的原料。例如，丁烯与异丁烯经烷基化可合成高辛烷汽油，异丁烯和甲醇可合成高辛烷值组分MTBE等，丙烯是合成聚丙烯及聚丙烯腈等的原料，干气中的乙烯可用于合成苯乙烯等。

从催化裂化的原料和产品可以看出，催化裂化过程在炼油工业乃至国民经济中占有重要地位。

2.1.2 催化裂化生产工艺

催化裂化装置一般由三个部分组成，即反应-再生系统、分馏系统、吸收-稳定系统。对处理量较大、反应压力较高的装置，常常还有再生烟气的能量回收系统。催化裂化工艺流程如图2.1所示。

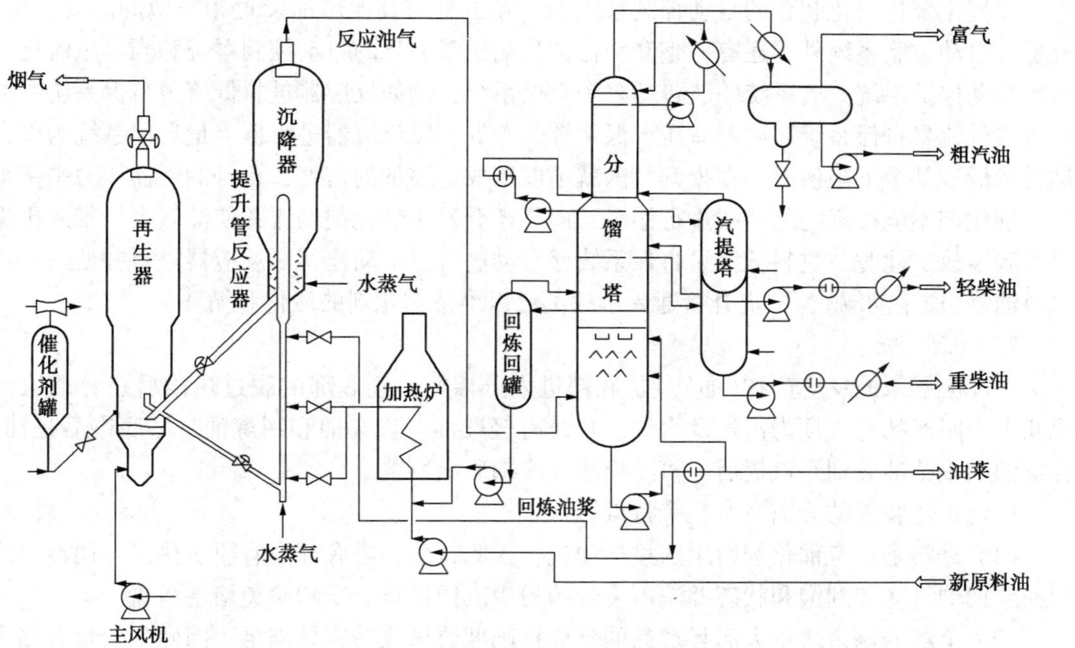

图 2.1 催化裂化工艺流程

1. 反应-再生系统

新原料油经换热后与回炼油浆混合，经加热炉加热至180~320℃后至提升管反应器下部的喷嘴，原料油由热汽雾化并喷入提升管内，在其中与来自再生器的高温催化剂(600~750℃)接触，随即汽化并进行反应。油气在提升管内的停留时间很短，一般只有几秒钟。反应产物经旋风分离器分离出夹带的催化剂后离开反应器去分馏塔。

积有焦炭的催化剂(待生催化剂)由沉降器落入下面的汽提段。汽提段内装有多层人字形挡板并在底部通入过热水蒸气，待生催化剂上吸附的油气和颗粒之间的空间内的油气被水蒸气置换出而返回上部。经汽提后的待生催化剂通过待生斜管进入再生器。

再生器的主要作用是烧去催化剂上因反应而生成的积炭，使催化剂的活性得以恢复。再生用空气由主风机供给，空气通过再生器下面的辅助燃烧室及分布管进入流化床层。对于热平衡式装置，辅助燃烧室只是在开工升温时才使用，正常运转时并不烧燃料油。再生后的催化剂(称再生催化剂)落入淹流管，经再生斜管送回反应器循环使用。再生烟气经旋风分离器分离出夹带的催化剂后，经双动滑阀排入大气。在加工生焦率高的原料时，例如加工含渣油的原料时，因焦炭产率高，再生器的热量过剩，必须在再生器中设取热设施以取走过剩的热量。再生烟气的温度很高，不少催化裂化装置设有烟气能量回收系统，利用烟气的热能和压力能(当设能量回收系统时，再生器的操作压力应较高些)作功，驱动主风机以节约电能，甚至可对外输出剩余电力。对一些不完全再生的装置，再生烟气中含有5%~10%(体积分数)的CO，可以设CO锅炉使CO完全燃烧以回收能量。

在生产过程中，催化剂会有损失及失活，为了维持系统内的催化剂的藏量和活性，需要定期或经常向系统补充或置换新鲜催化剂。为此，装置内至少应设两个催化剂储罐。装卸催化剂时采用稀相输送的方法，输送介质为压缩空气。

在流化催化裂化装置的自动控制系统中，除了有与其他炼油装置相类似的温度、压力、流量等自动控制系统外，还有一整套维持催化剂正常循环的自动控制系统和当发生流化失常时的自动保护系统。此系统一般包括多个自保系统，例如反应器进料低流量自保系统、主风机出口低流量自保系统、两器差压自保系统，等等。以反应器进料低流量自保系统为例，当进料量低于某个下限值时，在提升管内就不能形成足够低的密度，正常的两器压力平衡被破坏，催化剂不能按规定的路线进行循环，而且还会发生催化剂倒流并使油气大量带入再生器而引起事故。此时，进料低流量自保系统就自动进行以下动作切断反应器进料并使进料返回原料油罐(或中间罐)，向提升管通入事故蒸气以维持催化剂的流化和循环。

2. 分馏系统

由反应器来的反应产物(油气)从底部进入分馏塔，经底部的脱过热段后在分馏段分割成几个中间产品：塔顶为富气及汽油，侧线有轻柴油、重柴油和回炼油，塔底产品是油浆。轻柴油和重柴油分别经汽提后，再经换热、冷却后出装置。

催化裂化装置的分馏塔有几个特点。

(1) 进料是带有催化剂粉尘的过热油气，因此，分馏塔底部设有脱过热段，用经过冷却的油浆把油气冷却到饱和状态并洗下夹带的粉尘以便进行分馏和避免堵塞塔盘。

(2) 全塔的剩余热量大而且产品的分离精确度要求比较容易满足。因此一般设有多个循环回流：塔顶循环回流、1~2 个中段循环回流和油浆循环。

(3) 塔顶回流采用循环回流而不用冷回流，其主要原因是进入分馏塔的油气含有相当多的惰性气体和不凝气，会影响塔顶冷凝冷却器的效果；采用循环回流代替冷回流可以降低从分馏塔顶至气压机入口的压降，从而提高气压机的入口压力、降低气压机的功率消耗。

3. 吸收-稳定系统

吸收-稳定系统主要由吸收塔、再吸收塔、解吸塔及稳定塔组成。从分馏塔顶油气分离器出来的富气中带有汽油组分，而粗汽油中则溶解有 C_3、C_4组分。吸收稳定系统的作用就是利用吸收和精馏的方法将富气和粗汽油分离成干气($\leqslant C_2$)、液化气(C_3、C_4)和蒸气压合格的稳定汽油。其中的液化气再利用精馏的方法通过气体分馏装置将其中的丙烯、丁烯分离出来，进行化工利用。

催化裂化装置的分馏系统及吸收-稳定系统在各催化裂化装置中一般并无很大差别。

2.1.3 仿真装置的概况

本装置为 350 万 t/a 重油催化裂化反应再生联合装置，包括反应器、再生器、内取热器、催化剂储罐、能量回收机组部分共五个部分。

装置设计原料分为近期和远期，近期原料为 42%的大庆减压蜡油和 58%大庆减压渣油的混合油，残炭为 5.05%；远期为 92%RDS 尾油、5.53%的减压蜡油和 1.51%的减压渣油的混合油，残炭为 5.85%。

2.1.4 仿真装置流程说明

混合原料油(90℃)从装置外自吸进入原料油泵，抽出后经原料油换热器加热至 200℃左右，分 10 路经原料油雾化喷嘴进入提升管反应器(R01)下部；自分馏部分来的回炼油和回炼油浆混合后既可以直接进入提升管反应器中部，也可以进入原料集合管，同原料一起进入提升管反应器下部，与 700℃高温催化剂接触完成原料的升温、汽化及反应，515℃反应油气与待生催化剂在提升管出口经三组粗旋风分离器得到迅速分离后经升气管进入沉降器六组单级旋风分离器，再进一步除去携带的催化剂细粉后，反应油气离开沉降器(R01)，进入分馏塔。

积炭的待生催化剂先经粗旋的汽提设施初步汽提后进入汽提段，在此与蒸汽逆流接触以进一步汽提催化剂所携带的油气，汽提后的催化剂沿待生斜管下流，经待生滑阀进入再生器(R02)的烧焦罐下部，与自二密相来的再生催化剂混合开始烧焦，在催化剂沿烧焦罐向上流动的过程中，烧去约 90%左右的焦炭，同时温度升至约 690℃。较低含炭的催化剂在烧焦罐顶部经大孔分布板进入二密相，在 700℃条件下，最终完成焦炭的燃烧过程。再生催化剂经再生斜管及再生滑阀进入提升管反应器底部，在干气及蒸汽的提升下，完成催化剂加速、分散过程，然后与原料接触。

再生器烧焦所需的主风由主风机提供，主风自大气进入主风机(B01)，升压后经主风管道、辅助燃烧室及主风分布管进入再生器。

再生产生的烟气经 16 组两级旋风分离器分离催化剂后，再经三级旋风分离器进一步分离催化剂后进入烟气轮机(BE01)膨胀作功，驱动主风机(B01)。从烟气轮机出来的烟气进入余热锅炉进一步回收烟气的热能，最后经烟囱排入大气。

当烟机停运时，主风由备用风机提供，此时再生烟气经三旋后由双动滑阀及降压孔板，降压后再进入余热锅炉。

开工用的催化剂由冷催化剂罐(V01)或热催化剂罐(V02)压送至再生器，正常补充催化剂可由催化剂小型自动加料器输送至再生器。

2.2　设备列表及工艺条件

2.2.1　设备列表(表 2.1)

表 2.1　设备列表

序号	设备名称	设备编号
1	沉降器	R01
2	再生器	R02
3	气控式外取热器	R03A
4	下流式外取热器	R03B
5	冷催化剂罐	V01
6	热催化剂罐	V02
7	废催化剂罐	V03
8	燃料气罐	V04
9	外取热器汽水分离器	V05
10	烟气轮机	BE01
11	主风机	B01
12	备风机	B02
13	增压机	B03A/B

2.2.2 反应再生系统工艺条件(表 2.2)

表 2.2 反应再生系统工艺条件

项目	沉降器顶压力/MPa	提升管出口温度/℃	原料油预热温度/℃	再生器顶压力/MPa
正常数据	0.25	515	200	0.29
项目	再生器温度/℃	沉降器藏量/t	烧焦罐藏量/t	二密藏量/t
正常数据	700	90	100	150

2.3 复杂控制说明

1. 反应温度控制 TRCA1001、PDRC1007

提升管出口温度 TRCA1001 与再生滑阀压降 PDRC1007 组成低值选择控制。正常情况下，反应温度由温度调节器 TRCA1001 控制再生滑阀的开度，当再生滑阀开度过大，再生滑阀压降 PDRC1007 降低至低于 TRCA1001 的信号时，选择器将选择 PDRC1007 输出信号控制再生滑阀。

2. 沉降器料位控制 WRCA1001、PDRC1009

沉降器料位 WRCA1001 与待生滑阀压降 PDRC1009 组成低值选择控制。正常情况下沉降器料位调节器控制待生滑阀开度，当待生滑阀开度过大，待生滑阀压降调节器信号低于料位调节器的输出信号时，待生滑阀压降调节器控制待生滑阀开度。

3. 反应压力控制 PRC1201

正常生产中，反应压力由气压机转速来控制，设有切换开关，决定气压机转速由反应岗位或气压机岗位控制。

当生产不正常时，可通过调节器 PRC1201 控制火炬、分馏塔顶蝶阀来调节。

4. 再生压力控制 PRC2001A、PRC2001B

在正常生产时再生压力通过调节器 PRC2001A 进行两路分程控制双动滑阀的 A 阀和烟机入口蝶阀来实现。在事故状态下，调节器 PRCA2001B 调节双动滑阀的 B 阀，起到快速卸压的作用。

2.4 操作步骤

2.4.1 冷态开车

1. 催化剂储罐装剂

开工第一步就是催化剂的装填，装填过程的动力是风力。装填量不可太多，需要留有一定的余隙。催化剂储罐 DCS 及现场图分别如图 2.2 和图 2.3 所示。

首先打开催化剂进 V01 阀 VD3007，开抽真空系统即打开 VD3001 和 VD3004，开输送风边界阀 VD3010，输送风阀 VD3011 将催化剂加进 V01 内，打开催化剂输送料斗边界阀 VD3006，在 V01 罐内建立 70%的料位，关闭催化剂料斗边界阀 VD3006，关闭 V01 抽真空系统即 VD3001 和 VD3004，关闭催化剂进 V01 阀 VD3007，打开 VD3012 给 V01 充压，打开 VD3016 和 VD3017 向 V01 锥体送净化风，控制 V01 压力为 0.4MPa。

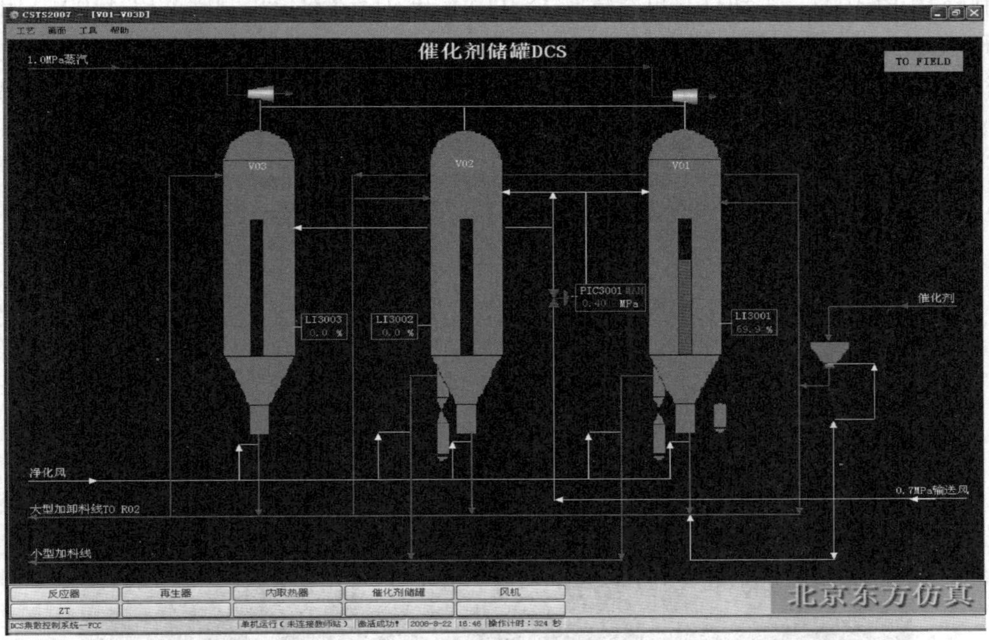

图 2.2　催化剂储罐 DCS

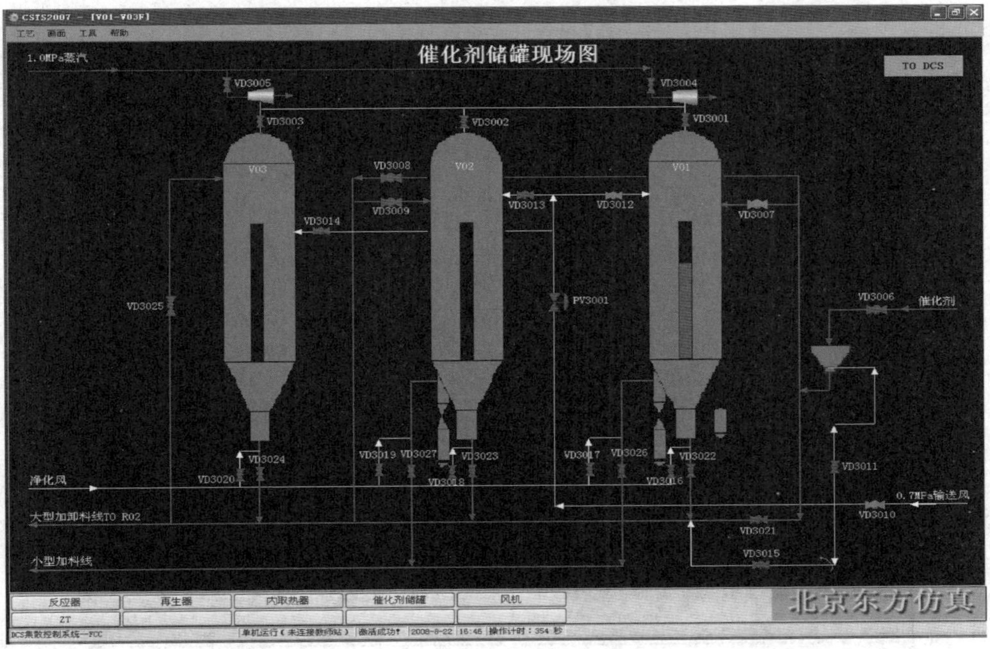

图 2.3　催化剂储罐现场图

2. 反应再生系统进行气密试验

为了检验装置在带压操作时的气密性，需将系统内部回路打通并加压以进行检测。

反应系统现场，DCS图分别如图2.4、图2.5所示。再生系统DCS如图2.6所示。首先打开反应器顶放空阀HIC1001，打开提升管温度控制再生滑阀TRCA1001，打开再生斜管压差控制阀PDRC1007，手动打开再生滑阀TV1001。开沉降器料位控制阀WRCA1001，开压差控制阀PDRC1009，手动打开待生滑阀WV1001。

打开外循环斜管滑阀HIC1003，打开双动滑阀PRC2001B、PV2001A，打开外取热器下滑阀HIC1002。

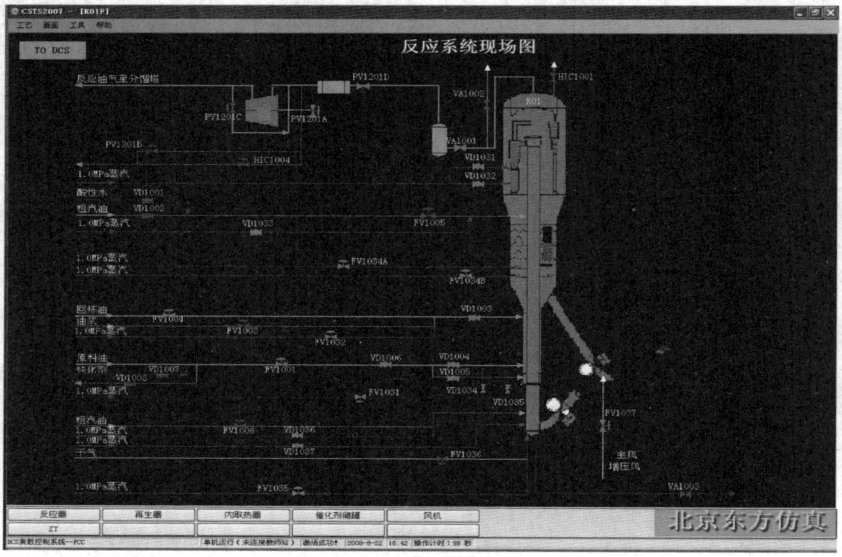

图2.4　反应系统现场图

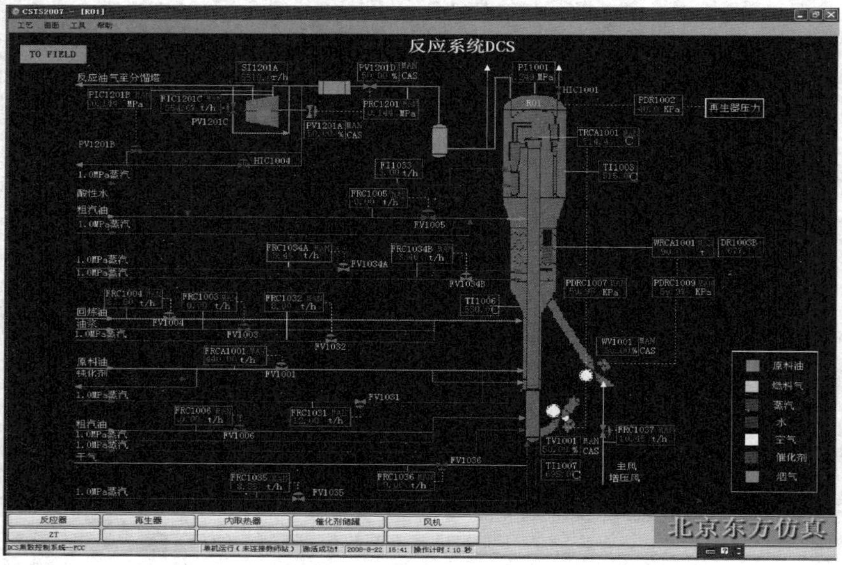

图2.5　反应系统DCS

风机组系统现场图如图 2.6 所示。打开主风至开公炉 F01 的阀门 VA2012、VA2013；

打开备机 B02 出口放空阀 VA4003、VA4004，然后启动备机 B02，打开截止阀 VD4002，打开去烧焦罐截止阀 XV4001，打开备风机 B02 静叶轮角度调节阀 FV4001B，调整其出口压力，然后关闭备机 B02 出口放空阀 VA4003、VA4004，往再生器送风，维持再生压力 PRC2001B 为 0.05MPa，同时也维持反应压力 PI1001 为 0.05MPa。

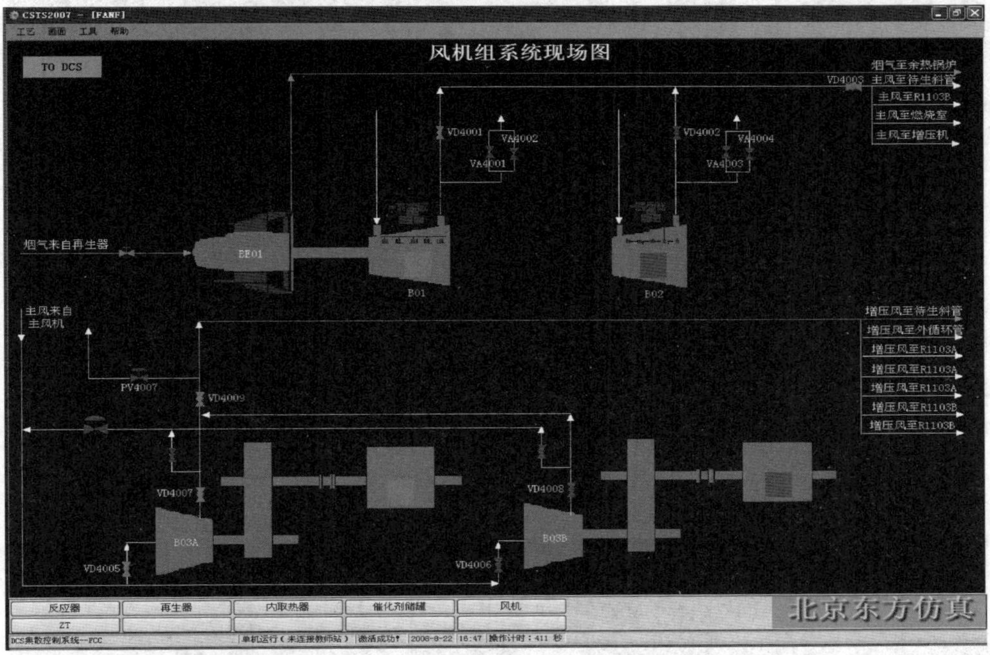

图 2.6　风机组系统现场图

关闭反应器顶放空阀 HIC1001，通过调节滑阀 PV2001A，控制反应器系统压力 PI1001 和再生器系统压力 PRC2001B 均达到 0.25MPa。

试压完毕，打开再生器烟气去锅炉阀 PV2001A，打开反应器放空阀 HIC1001 给系统泄压。

3. 热工岗位准备工作

系统给热之前，需要先打开公用工程如冷却水的准备。内取热 DCS，现场图如图 2.7、图 2.8 所示。

打开外取热汽包上水阀 LIC2001，维持外取热汽包 V05 液位 50%。

4. 开工炉点火反再生系统升温过程

热工岗位准备就绪之后，开炉加热升温，使温度达到开工反应要求。再生系统 DCS 及现场图如图 2.9、图 2.10 所示。

打开阀门 PIC2012，向瓦斯缓冲罐 V04 引瓦斯，并打开阀门 VA2009 将瓦斯引入辅助燃烧室，辅助燃烧室点火升温。

通过控制燃烧室的瓦斯量和空气量，控制二密稀相温度分别升到 200℃、350℃、500℃，控制烧焦罐温度分别升到 200℃、350℃、500℃。

当外取热器 A 温度 TI2006 达到 150℃时，打开阀 VD2009，当外取热器 B 温度 TI2008 温

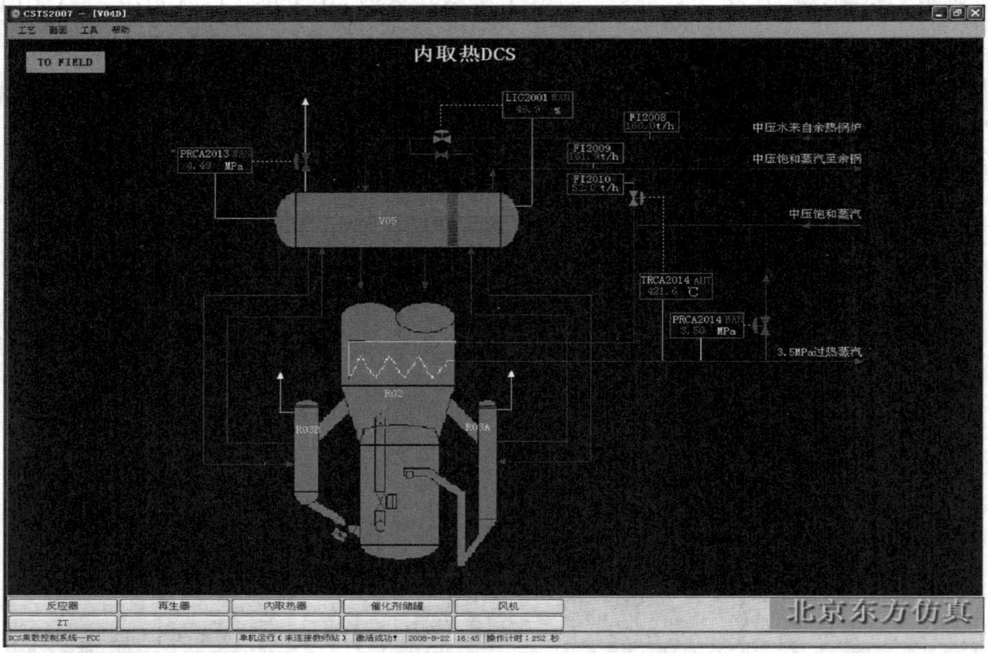

图 2.7　内取热 DCS

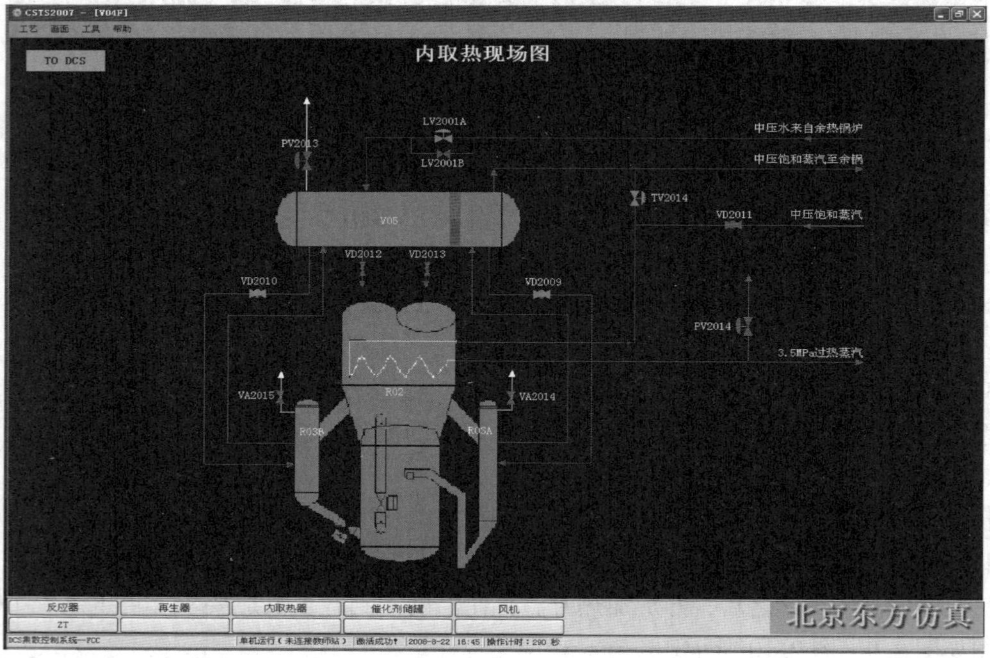

图 2.8　内取热现场图

度达到 150℃时，打开阀门 VD2010，当两者温度都达到 150℃时，为取走反应器的热量，打开阀门 VD2011。

当再生器温度 TI2002 高于 300℃时，开增压机 B03A 入口阀 VD4005，开增压机出口截止阀 XV4003、出口阀 VD4007，启动增压机 B03A 电源开关，打开阀 FRC2002、FRC2002A 向外取热器 A 送风，打开阀 FRC2004、FRC2004A 向外取热器 B 送风，当外取热汽包压力达到 0.5MPa 时，投用连排 VD2012、VD2013。

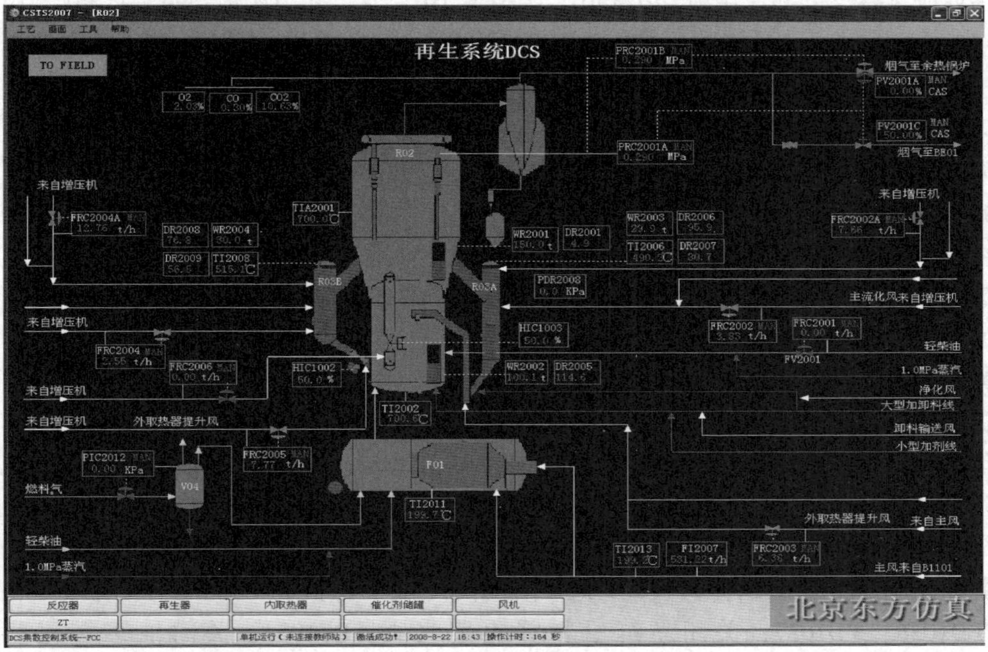

图 2.9 再生系统 DCS

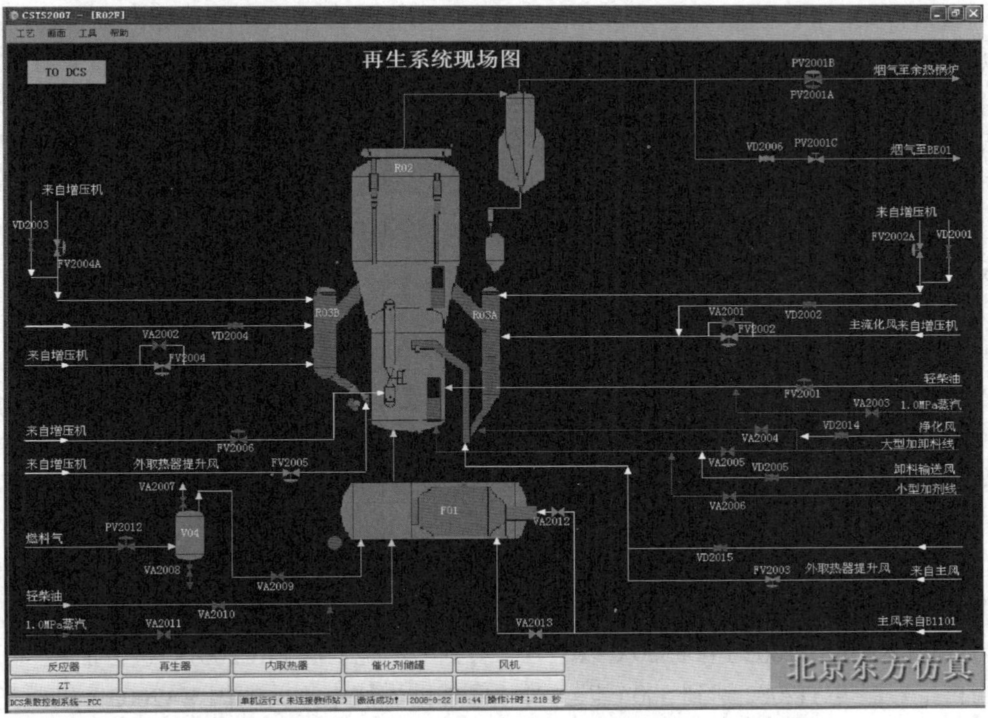

图 2.10 再生系统现场图

控制二密相温度 TIA2001 大于 540℃，控制烧焦罐温度 TI2002 大于 540℃，打开外取热器 A、B 放空阀 VA2014、VA2015，通过控制调节阀 VA2014、VA2015 来控制外取热器 A 温度 TI2006 和外取热 B 温度 TI2008 大于 400℃，控制反应器温度 TRCA1001 大于 500℃。

当外取热器汽包 V05 压力 PRCA2013 达到 4. 0MPa 时，开中压饱和蒸汽控制阀 HIC2001 将中压饱和蒸汽(1. 0~4. 0MPa)送至余热锅炉，打开过热蒸汽调节阀 TRCA2014，关闭开工用中压饱和蒸汽阀 VD2011，利用 V05 产生的中压蒸汽回收反应器的热量。

以上步骤完成后，需要对质量指标进行调控，改变阀门开度，使得外取热器汽包 V05 的压力 PRCA2013 为 4. 5MPa，内取热器过热蒸汽温度 TRCA2014 为 420℃。

5. 热拆大盲板赶空气

在反再两器升温结束后利用滑阀将反应器和再生器隔离，再生器继续升温。此时需要将提升管底部排空阀、顶部排空阀全部打开，使再生和待生滑阀处的烟气能够排放出去，具体做法如下。

关闭再生滑阀 TV1001，关闭待生滑阀 WV1001，关闭沉降器顶放空阀 HI1001，开提升管预提升蒸汽阀 FRC1035 赶空气，打开提升管松动蒸汽阀阀门 VD1036、VD1037，开新鲜原料雾化蒸汽阀门 FRC1031，开油浆雾化蒸汽阀门 FRC1032，开急冷油雾化蒸汽阀门 VD1033，开沉降器汽提蒸汽阀门 FRC1034A、FRC1034B，开沉降器上部防焦蒸汽阀门 VD1031、VD1032，将沉降器压力升至 0. 1MPa。开沉降器顶放空阀 HIC1001，放空塔内原有杂气。

拆除大盲板前，需要停蒸汽，所以停止提升管预提升蒸汽 FRC1035，关闭提升管松动蒸汽阀 VD1036、VD1037，关闭新鲜原料雾化蒸汽阀 FRC1031，关闭油浆雾化蒸汽阀 FRC1032，关闭急冷油雾化蒸汽阀 VD1033，关闭沉降器汽提蒸汽阀 FRC1034A、FRC1034B，关闭沉降器上部防焦蒸汽阀 VD1031、VD1032。

拆去大盲板，将反应系统与分馏系统连通。然后打开各阀门，向系统内通入各种蒸汽，开提升管松动蒸汽 VD1036、VD1037，开新鲜原料雾化蒸汽 FRC1031，开油浆雾化蒸汽 FRC1032，开急冷油雾化蒸汽 VD1033，开沉降器汽提蒸汽 FRC1034A、FRC1034B，开沉降器上部防焦蒸汽 VD1031、VD1032，投用烧焦罐燃烧油雾化蒸汽 VA2003，开分馏塔顶大蝶阀 PV1201D，引蒸汽走正常流程，然后打开富气压缩机 C01 转速调节阀 PV1201A，控制反应器压力，逐渐提升反应压力 PI1001 至 0. 12MPa，逐渐提升再生器压力至 0. 11MPa。

6. 装催化剂三器流化

关闭半再生滑阀 HIC1003，关闭外取热器下滑阀 HIC1002，打开 FRC1037 向待生斜管送风，开大型加料输送风阀 VD3015 向烧焦罐加剂，开 V01 底部阀 VD3022，打开去烧焦罐器壁阀 VA2005，向再生器输送催化剂时一定要注意不要输送过多，可先按照正常生产所需催化剂的指标进行估算后再进行输送以保证正常生产。

当二密料位 WR2001 达到 150t 后，开半再生滑阀 HIC1003，打开外取热器下滑阀 HIC1002，分别打开阀门 FRC2003、FRC2005，向外取热器 A、B 送提升风，保持流化。

当二密料位 WR2001 达到 150t 且烧焦罐料位 WR2002 达到 100t 左右时，关闭烧焦罐器壁阀 VA2005。

当烧焦罐温度 TI2002 达到 380℃以上时，打开喷燃烧油阀 FRC2001，进行加热。

当再生器温度 TI2002 达到 500℃以上时，停辅助燃烧室，关闭阀 VA2009，以及瓦斯缓冲罐 V04 入口阀 PIC2012，停止提供瓦斯气，关闭辅助燃烧室开关。

打开烧焦罐器壁阀 VA2005，继续加剂，打开再生滑阀 TV1001，向反应器转剂，打开待生滑阀 WV1001，调节燃烧油阀门 FRC2001，使烧焦罐温度维持 550~600℃，控制沉降器料位 WRCA1001 为 90t，控制二密料位 WR2001 为 150t，控制烧焦罐料位 WR2002 为 100t。

7. 反应进油并调整至正常

控制提升管出口温度 TRCA1001 达到 514.5℃以上后开始装油，开原料油控制阀 FRCA1001 至 300t/h，逐渐开大回炼油量 FRC1004 至 88t/h，逐渐加入原料油进料过程中，逐渐关闭燃烧油 FRC2001；

反应过程中有烟气产生，因此开烟机入口阀 VD2006，开烟机入口阀 PV2001C，打开主风机出口放空阀 VA4001，打开主风机出口放空阀 VA4002，启动主风机 B01，打开静叶轮角度调节 FV4001A，调整主风机出口压力，关闭主风机出口放空阀 VA4001、VA4002，打开主风机出口电动阀 VD4001，打开备机出口放空阀 VA4003，关闭备机 B02，关闭备机出口放空阀 VA4003、VA4004；

逐渐提高原料油进料量 FRCA1001 至 440t/h，开原料油阀时逐渐关小雾化蒸汽 FRC1031 至正常量；

控制烧焦罐温度 TI2002 为 700℃，控制二密温度 TIA2001 为 700℃，控制再生器压力 PRC2001A 为 0.29MPa，控制反应器压力 PI1001 为 0.25MPa，控制再生器氧含量 1%~6%，投用钝化剂 VD1007。

2.4.2 正常停车

1. 降温降量

停钝化剂 VD1007 阀；

降低原料量 FRCA1001 至 300t/h，停回炼油 FRC1004；

开大回炼油浆雾化蒸汽 FRC1004；

降低外取热器流化风 FRC2002A、FRC2004A、FRC2002、FRC2004，关小外取热器下滑阀 HIC1002；

降低气控式外取热器热负荷 FRC2003。

2. 开备机切换主机

启动备风机 B02，打开备用风机 B02 出口阀 VD4002，打开备风机 B02 静叶轮角度调节阀 FV4001B，调节其出口压力；

备机主机切换，停主风机 B01；

切换备机过程中，控制再生器温度 TI2002 正常。

3. 反应岗位切断进料

停原料油进料 FRCA1001；

停气压机按钮 C01；

维持再生器反应器压差 PDR1002 不小于 10kPa。

4. 反应岗位卸催化剂

开卸剂输送风 VD2005，开再生器加卸料阀 VA2005，二再向 V02 卸催化剂，打开阀 VD3009，关闭再生滑阀 TV1001，将反应部分催化剂转入再生器，关闭待生滑阀 WV1001，打开外取热器下滑阀 HIC1002，二密卸完料，烧焦罐卸完料，外取热器 B 卸完料，外取热器

A 卸完料，打开沉降器顶放空 HIC1001；

卸剂完毕，分馏塔底放完油，装反应分馏大盲板 VA1001，停备机 B02，停外取热器汽包 V05 的进口给水 LIC2001；

控制卸剂过程再生器温度 TI2002 不大于 450℃。

5. 机组岗位停风机

关闭增压机出口阀 XV4003，停增压机 B03A。

2.4.3 事故处理

1. 再生滑阀全开事故

再生滑阀自动改为手动，迅速关小再生滑阀 TV1001，根据操作情况将开度调至合适的位置；

控制反应器压力 PI1001 为 0.25MPa，控制再生器压力 PRC2001A 为 0.29MPa，控制沉降器料位 WRCA1001 为 90t，控制二密料位 WR2001 为 150t，控制烧焦罐料位 WR2002 为 100t，控制再生器氧含量为 1%~6%。

2. 再生滑阀全关事故

再生滑阀自动改为手动，根据操作情况将再生滑阀 TV1001 开至正常开度；

控制沉降器料位 WRCA1001 为 90t，控制提升管出口温度 TRCA1001 为 515℃左右，控制烧焦罐温度 TI2002 为 700℃，控制二密温度 TIA2001 为 710℃，控制反应器压力 PI1001 为 0.25MPa，控制再生器压力 PRC2001A 为 0.29MPa，控制沉降器料位 WRCA1001 为 90t，控制二密料位 WR2001 为 150t，控制烧焦罐料位 WR2002 为 100t，控制再生器氧含量为1%~6%。

3. 增压机故障停机事故

降低原料油处理量 FRCA1001，降低回炼油处理量 FRC1004；

打开非净化风 VD2001、VD2002、VD2015、VD2003、VD2004 代替增压风；

调整外取热器取热分配，保证二密温度 TIA2001 不大于 730℃，调整外取热器取热分配，保证烧焦罐温度 TI2002 不大于 720℃；

启动增压机备机 B03B；

控制提升管出口温度 TRCA1001 为 515℃左右，控制烧焦罐温度 TI2002 为 700℃，控制二密温度 TIA2001 为 710℃，控制反应器压力 PI1001 为 0.25MPa，控制再生器压力 PRC2001A 为 0.29MPa，控制沉降器料位 WRCA1001 为 90t，控制二密料位 WR2001 为 150t，控制烧焦罐料位 WR2002 为 100t，控制再生器氧含量为 1%~6%。

4. 气压机停机事故

打开紧急放空阀 PIC1201B，HIC1004；

控制提升管出口温度 TRCA1001 为 515℃左右，控制烧焦罐温度 TI2002 为 700℃，控制二密温度 TIA2001 为 710℃，控制反应器压力 PI1001 为 0.25MPa，控制再生器压力 PRC2001A 为 0.29MPa，控制沉降器料位 WRCA1001 为 90t，控制二密料位 WR2001 为 150t，控制烧焦罐料位 WR2002 为 100t，控制再生器氧含量为 1%~6%。

第3章 甲醇合成工艺

3.1 工艺简介

3.1.1 工艺背景

甲醇是一种透明、无色、易燃、有毒的液体，略带酒精味。熔点-97.8℃，沸点64.8℃，闪点12.22℃，自燃点47℃，相对密度0.7915，爆炸极限下限6%，上限36.5%，能与水、乙醇、乙醚、苯、丙酮和大多数有机溶剂相混溶。

甲醇是基本有机原料之一。主要用于制造甲醛、醋酸、氯甲烷、甲胺和硫酸二甲酯等多种有机产品。也是农药、医药的原料，是合成对苯二甲酸二甲酯、甲基丙烯酸甲酯和丙烯酸甲酯的原料之一。还是重要的溶剂，亦可掺入汽油作替代燃料使用。20世纪80年代以来，甲醇用于生产汽油辛烷值添加剂甲基叔丁基醚、甲醇汽油、甲醇燃料，以及甲醇蛋白等产品，促进了甲醇生产的发展和市场需要。

自1923年开始工业化生产以来，甲醇合成的原料路线经历了很大变化。20世纪50年代以前多以煤和焦炭为原料；50年代以后，以天然气为原料的甲醇生产流程被广泛应用；进入60年代以来，以重油为原料的甲醇装置有所发展。目前，欧美、中东地区国家主要采用天然气为原料生产甲醇，该工艺具备投资低、无污染的优点，且无需过多考虑副产物销路。由于我国一次能源结构具有“富煤贫油少气”特征，缺少廉价的天然气资源，同时随着石油资源紧缺、油价持续上涨，在大力发展煤炭洁净利用技术的背景下，当前并且今后较长一段时间内煤炭仍是我国甲醇生产最重要的原料。此外，我国还有部分企业采用焦炉气为原料生产甲醇，这也是我国独有的甲醇制取技术。在煤制甲醇工艺中，煤与来自空气中的氧气在气化炉内制得高CO含量的粗煤气，按照一定碳氢比加入H_2，经净化工序将多余的CO_2和硫化物脱除后得到甲醇合成气，再经过压缩、合成等工序制得含水粗甲醇，最后经过精馏工序精制得到产品甲醇。

3.1.2 工艺原理

生产甲醇的方法有多种，早期用木材或木质素干馏法制甲醇的方法，今天在工业上已经被淘汰了。氯甲烷水解法也可以生产甲醇，但因水解法价格昂贵，没有得到工业上的应用。甲烷部分氧化法可以生产甲醇，这种制甲醇的方法工艺流程简单，建设投资节省，但是，这种氧化过程不易控制，常因深度氧化生成碳的氧化物和水，而使原料和产品受到很大损失，因此甲烷部分氧化法制甲醇的方法仍未实现工业化。

目前工业上几乎都是采用一氧化碳、二氧化碳加压催化氢化法合成甲醇。典型的流程包括原料气制造、原料气净化、甲醇合成、粗甲醇精馏等工序。

在合成塔内主要发生的反应是：

$$CO_2+3H_2 \rightleftharpoons CH_3OH+H_2O+49kJ/mol$$

$$CO+H_2O \rightleftharpoons CO_2+H_2+41kJ/mol$$

两式合并后即可得出 CO 生成 CH_3OH 的反应式：

$$CO+2H_2 \rightleftharpoons CH_3OH+90kJ/mol$$

3.1.3 流程概述

甲醇合成装置仿真系统的设备包括蒸汽透平 T601、循环气压缩机 C601、甲醇分离器 F602、精制水预热器 E602、中间换热器 E601、最终冷却器 E603、甲醇合成塔 R601、蒸汽包 F601 以及开工喷射器 X601 等。

甲醇合成是强放热反应，进入催化剂层的合成原料气需先加热到反应温度(>210℃)才能反应，而低压甲醇合成催化剂(铜基触媒)又易过热失活(>280℃)，就必须将甲醇合成反应热及时移走，本反应系统将原料气加热和反应过程中移热结合，反应器和换热器结合连续移热，同时达到缩小设备体积和减少催化剂层温差的作用。低压合成甲醇的理想合成压力为4.8~5.5MPa，在本仿真中，假定压力低于3.5MPa时反应即停止。蒸汽驱动透平带动压缩机运转，提供循环气连续运转的动力，并同时往循环系统中补充 H_2 和混合气($CO+H_2$)，使合成反应能够连续进行。

具体流程如下：

循环气与补加的混合气($CO+H_2$)混合后经压缩机 C601 压缩，再经中间换热器 E601 中被合成塔 R601 出口气预热至46℃后进入合成塔，反应放出的大量热通过蒸汽包 F601 移走，合成塔出口气由255℃依次经中间换热器 E601、精制水预热器 E602、最终冷却器 E603 换热至40℃，与补加的 H_2 混合后进入甲醇分离器 F602，分离出的粗甲醇送往精馏系统进行精制，气相的一小部分送往火炬，气相的大部分作为循环气被送往压缩机 C601。

3.2 主要工艺控制指标

3.2.1 控制指标(表 3.1)

表 3.1 控制指标

序号	位　号	正常值	单　位	说　明
1	FIC6101		Nm^3/h	压缩机 C601 防喘振流量控制
2	FRCA6001	14877	Nm^3/h	H_2、CO 混合气进料控制
3	FRCA6002	13804	Nm^3/h	H_2 进料控制
4	PRCA6004	4.9	MPa	循环气压力控制
5	PRCA6005	4.3	MPa	汽包 F601 压力控制
6	LICA6001	40	%	分离罐 F602 液位控制
7	LICA6003	50	%	汽包 F6012 液位控制
8	SIC6202	50	%	透平 T601 蒸汽进量控制

3.2.2　仪表(表 3.2)

表 3.2　仪表

序号	位　号	正常值	单　位	说　明
1	PI6201	3.9	MPa	蒸汽透平 T601 蒸汽压力
2	PI6202	0.5	MPa	蒸汽透平 T601 进口压力
3	PI6205	3.8	MPa	蒸汽透平 T601 出口压力
4	TI6201	270	℃	蒸汽透平 T601 进口温度
5	TI6202	170	℃	蒸汽透平 T601 出口温度
6	SI6201	3.8	r/min	蒸汽透平转速
7	PI6101	4.9	MPa	循环压缩机 C601 入口压力
8	PI6102	5.7	MPa	循环压缩机 C601 出口压力
9	TIA6101	40	℃	循环压缩机 C601 进口温度
10	TIA6102	44	℃	循环压缩机 C601 出口温度
11	PI6001	5.2	MPa	合成塔 R601 入口压力
12	PI6003	5.05	MPa	合成塔 R601 出口压力
13	TR6001	46	℃	合成塔 R601 进口温度
14	TR6003	255	℃	合成塔 R601 出口温度
15	TR6006	255	℃	合成塔 R601 温度
16	TI6001	91	℃	中间换热器 E601 热物流出口温度
17	TR6004	40	℃	分离罐 F602 进口温度
18	FR6006	13904	kg/h	粗甲醇采出量
19	FR6005	5.5	t/h	汽包 F601 蒸汽采出量
20	TIA6005	250	℃	汽包 F601 温度
21	PDI6002	0.15	MPa	合成塔 R601 进出口压差
22	AD6011	3.5	%	循环气中 CO_2 的含量
23	AD6012	6.29	%	循环气中 CO 的含量
24	AD6013	79.31	%	循环气中 H_2 的含量
25	FFR6001	1.07		混和气与 H_2 体积流量之比
26	TI6002	270	℃	喷射器 X601 入口温度
27	TI6003	104	℃	汽包 F601 入口锅炉水温度
28	LI6001	40	%	分离罐 F602 现场液位显示
29	LI6003	50	%	分离罐 F602 现场液位显示
30	FFR6001	1.07		H_2 与混和气流量比
31	FFR6002	2.05~2.15		新鲜气中 H_2 与 CO 比

3.2.3 现场阀(表 3.3)

表 3.3 现场阀

序 号	位 号	说 明
1	VD6001	FRCA6001 前阀
2	VD6002	FRCA6001 后阀
3	VD6003	PRCA6004 前阀
4	VD6004	PRCA6004 后阀
5	VD6005	LICA6001 前阀
6	VD6006	LICA6001 后阀
7	VD6007	PRCA6005 前阀
8	VD6008	PRCA6005 后阀
9	VD6009	LICA6003 前阀
10	VD6010	LICA6003 后阀
11	VD6011	压缩机前阀
12	VD6012	压缩机后阀
13	VD6013	透平蒸汽入口前阀
14	VD6014	透平蒸汽入口后阀
15	V6001	FRCA6001 副线阀
16	V6002	PRCA6004 副线阀
17	V6003	LICA6001 副线阀
18	V6004	PRCA6005 副线阀
19	V6005	LICA6003 副线阀
20	V6006	开工喷射器蒸汽入口阀
21	V6007	FRCA6002 副线阀
22	V6008	低压 N_2 入口阀
23	V6010	E602 冷物流入口阀
24	V6011	E603 冷物流入口阀
25	V6012	R601 排污阀
26	V6014	F601 排污阀
27	V6015	C601 开关阀
28	SP6001	T601 入口蒸汽电磁阀
29	SV6001	R601 入口气安全阀
30	SV6002	F601 安全阀

3.3　冷态开车

3.3.1　开车准备

1. 开工具备的条件

(1) 与开工有关的修建项目全部完成并验收合格。

(2) 设备、仪表及流程符合要求。

(3) 水、电、汽、风及化验能满足装置要求。

(4) 安全设施完善，排污管道具备投用条件，操作环境及设备要清洁整齐卫生。

2. 开工前的准备

(1) 仪表空气、中压蒸汽、锅炉给水、冷却水及脱盐水均已引入界区内备用。

(2) 盛装开工废甲醇的废油桶已准备好。

(3) 仪表校正完毕。

(4) 催化剂还原彻底。

(5) 粗甲醇储槽皆处于备用状态，全系统在触媒升温还原过程中出现的问题都已解决。

(6) 净化运行正常，新鲜气质量符合要求，总负荷≥30%。

(7) 压缩机运行正常，新鲜气随时可导入系统。

(8) 本系统所有仪表再次校验，调试运行正常。

(9) 精馏工段已具备接收粗甲醇的条件。

(10) 总控、现场照明良好，操作工具、安全工具、交接班记录、生产报表、操作规程、工艺指标齐备，防毒面具、消防器材按规定配好。

(11) 微机运行良好，各参数已调试完毕。

3.3.2　冷态开车

1. 引锅炉水

(1) 目的

建立汽包液位，控制反应器温度。

(2) 操作步骤

① 合成系统现场及 DCS 图分别如图 3.1、图 3.2 所示。依次开启汽包 F601 锅炉水放空阀 V6015、入口前阀 VD6009，入口后阀 VD6010、控制阀 LICA6003，将锅炉水引进汽包。

② 当汽包液位 LICA6003 超过 20% 时，关汽包放空阀 V6015；当汽包液位 LICA6003 接近 50%时，投自动并将 LICA6003 自动值设置为 50%，如果液位难以控制，可手动调节。

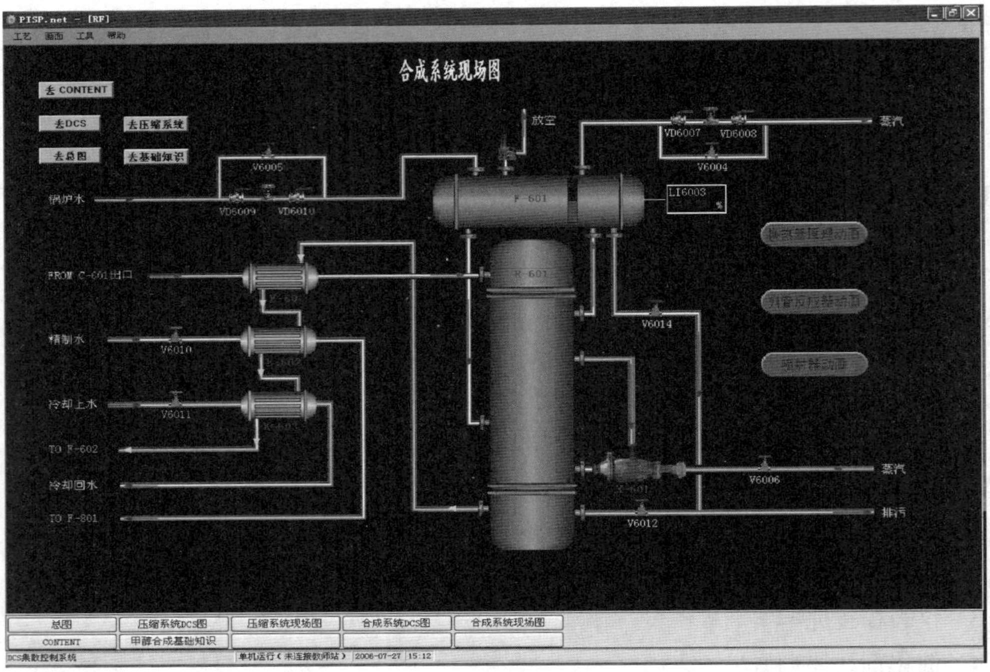

图 3.1　合成系统现场图

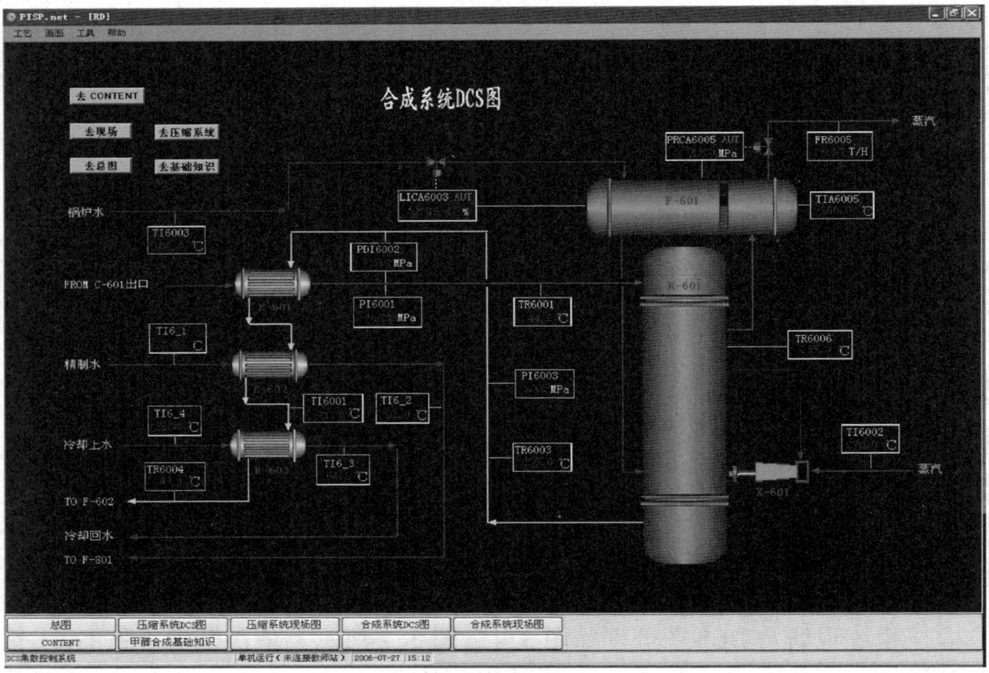

图 3.2　合成系统 DCS 图

2. 氮气置换

(1) 目的

将系统中含氧量稀释至 0.25%以下。

(2) 操作步骤

① 压缩系统现场、DCS 图分别如图 3.2、图 3.3 所示。现场开启低压 N_2 入口阀 V6008 (微开)，向系统充 N_2；

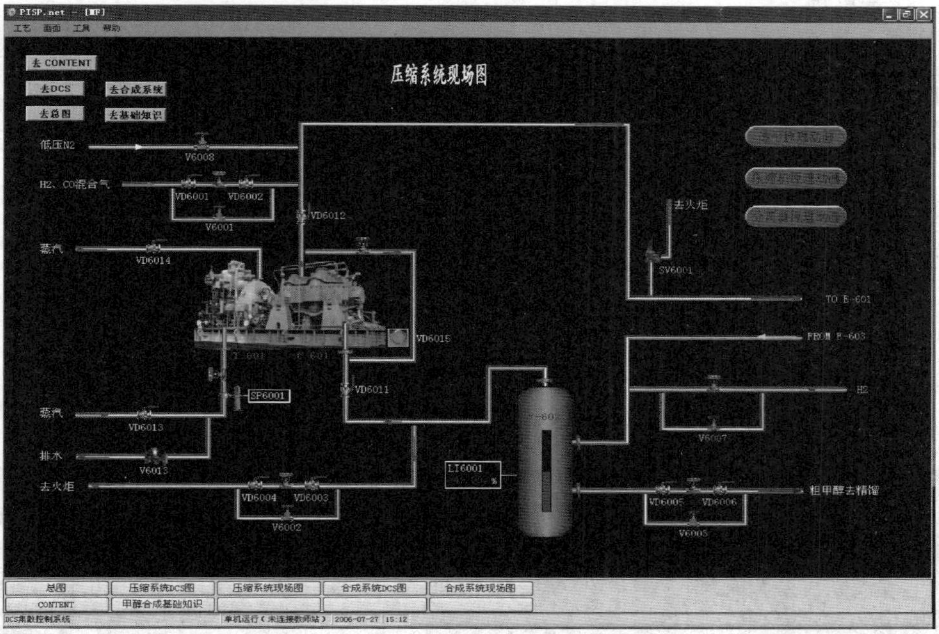

图 3.3　压缩系统现场图

② 依次开启 PRCA6004 前阀 VD6003、控制阀 PRCA6004、后阀 VD6004，如果压力升高过快或降压过程降压速度过慢，可开副线阀 V6002；

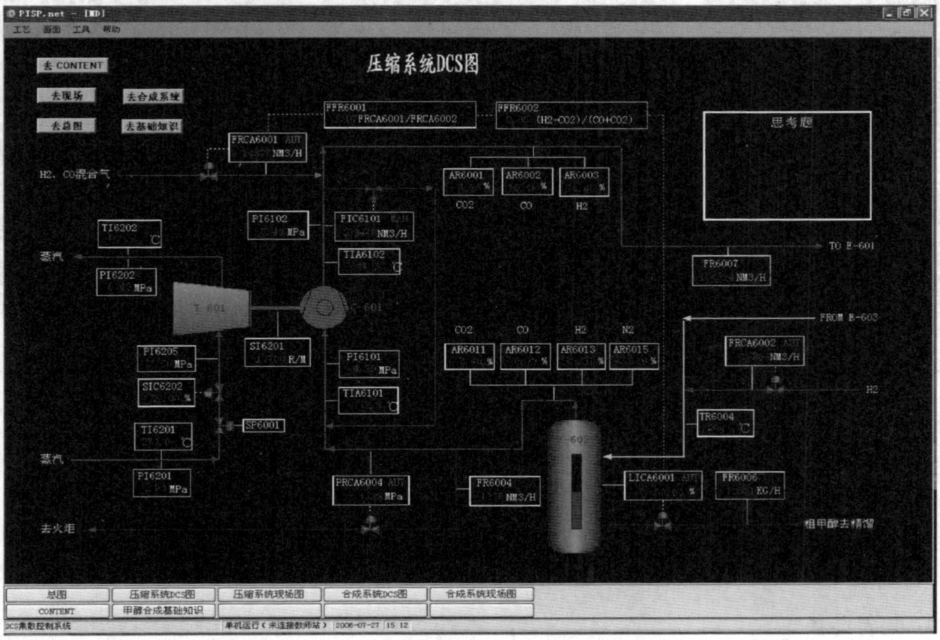

图 3.4　压缩系统 DCS 图

③ 在吹扫时，将系统中含氧量稀释至 0.25%以下后将系统压力 PI6001 维持在 0.5MPa 附近，但不要高于 1MPa，因此当系统压力 PI6001 接近 0.5MPa 时，关闭 V6008 和 PRCA6004，进行保压。

（3）注意事项

① 保压一段时间，如果系统压力 PI6001 不降低，说明系统气密性较好，可以继续进行生产操作；如果系统压力 PI6001 明显下降，则要检查各设备及其管道，确保无问题后再进行生产操作；

② 仿真中为了节省操作时间，保压 30s 以上即可。

3. 建立氮气循环

甲醇合成工段总图如图 3.5 所示。

① 手动开启 FIC6101，防止压缩机喘振，在压缩机出口压力 PI6101 大于系统压力 PI6001 且压缩机运转正常后关闭；

② 开启压缩机 C601 入口前阀 VD6011；

③ 按 RESET6001 按钮，使 SP6001 复位；

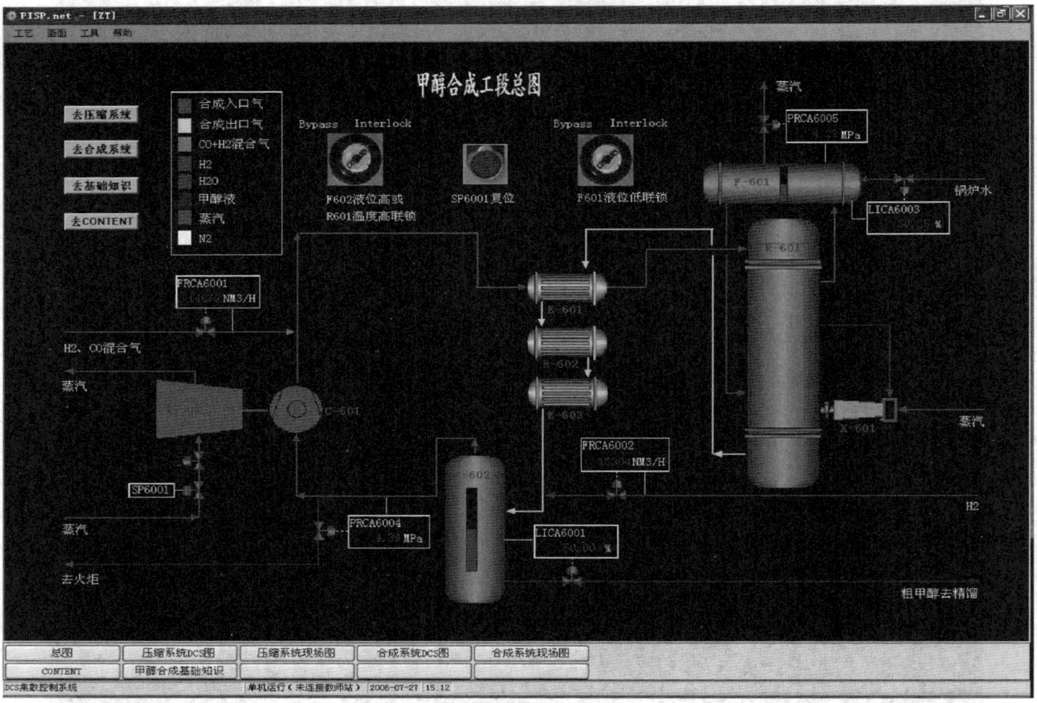

图 3.5 甲醇合成工段总图

④ 开透平 T601 前阀 VD6013、控制阀 SIC6202、后阀 VD6014，为循环压缩机 C601 提供运转动力。调节控制阀 SIS6202 使转速不致过大；

⑤ 待压缩机出口压力 PI6102 大于系统压力 PI6001 后，开启压缩机 C601 后阀 VD6012，打通循环回路。

4. H_2置换充压

通 H_2前先检查含 O_2量，若高于 0.25%，应先用 N_2稀释至 0.25%以下再通 H_2。

(1) 目的

使 N_2的体积分数在1%左右。

(2) 操作步骤

① 现场开启 H_2副线阀 V6007 进行 H_2置换，使 N_2的体积分数在1%左右；

② 开启控制阀 PRCA6004，充压至 PI6001 为 2.0MPa，但不要高于 3.5MPa；

③ 注意调节进气和出气的速度，当 N_2的体积分数降至1%以下时，关闭 H_2副线阀 V6007，当系统压力 PI6001 升至 2.0MPa 左右时，关闭压力控制阀 PRCA6004。

5. 投原料气

(1) 目的

向装置里通原料气。

(2) 操作步骤

① 依次开启混合气入口前阀 VD6001、控制阀 FRCA6001、后阀 VD6002；

② 开启 H_2入口阀 FRCA6002，同时注意调节 SIC6202，保证循环压缩机的正常运行；

③ 按照体积比约为 1：1 的比例，将系统压力 PI6001 缓慢升至 5.0MPa 左右，但不要高于 5.5MPa，将 PRCA6004 投自动，设为 4.90MPa。此时关闭 H_2入口阀 FRCA6002 和混合气控制阀 FRCA6001，进行反应器升温。

6. 反应器升温

(1) 目的

甲醇合成是强放热反应，进入催化剂层的合成原料气需先加热到反应温度(>210℃)才能反应。

(2) 操作步骤

① 开启开工喷射器 X601 的蒸汽入口阀 V6006，注意调节 V6006 的开度，使反应器温度 TR6006 缓慢升至 210℃；

② 开 V6010，投用换热器 E602；

③ 开 V6011，投用换热器 E603，使 TR6004 不超过 100℃；

④ 使"油系统操作"按钮处于按下状态，完成油系统操作；

⑥ 当 TR6006 接近 200℃时，依次开启汽包蒸汽出口前阀 VD6007、控制阀 PRCA6005、后阀 VD6008，并将 PRCA6005 投自动，设为 4.3MPa，如果压力变化较快，可手动调节。

7. 调至正常

(1) 目的

用自动化仪表来减轻人工工作负担，并能准确、及时的了解装置情况，保证装置正常平稳生产。

(2) 操作步骤

① 反应开始后，确定 TR6006>210℃后关闭开工喷射器 X601 的蒸汽入口阀 V6006。

② 缓慢开启 FRCA6001 和 FRCA6002，向系统补加原料气。注意调节 SIC6202 和 FRCA6001，使入口原料气中 H_2与 CO 的体积比约为(7~8)：1，随着反应的进行，逐步投料至正常(FRCA6001 约为 14877Nm^3/h)，FRCA6001 约为 FRCA6002 的 1~1.1 倍。将 PRCA6004 投自动，设为 4.90MPa。

③ 有甲醇产出后，依次开启粗甲醇采出现场前阀 VD6005、控制阀 LICA6001、后阀

VD6006，并将 LICA6001 投自动，设为 50%，若液位变化较快，可手动控制。

④ 体系达到稳态后，投用联锁，在 DCS 图上按“F602 液位高或 R601 温度高联锁”按钮和“F601 液位低联锁”按钮。

⑤ 如果系统压力 PI6001 超过 5.8MPa，系统安全阀 SV6001 会自动打开，若压力变化较快，可通过减小原料气进气量并开大放空阀 PRCA6004 来调节。

3.4 装置正常停工过程

正常停工包括停原料气，开蒸汽，R601 降温，汽包降压，氮气置换，停压缩机，停冷却水六个阶段。

3.4.1 停原料气

(1) 将 FRCA6001 改为手动，关闭，现场关闭 FRCA6001 前阀 VD6001、后阀 VD6002；

(2) 将 FRCA6002 改为手动，关闭；

(3) 将 PRCA6004 改为手动，以一定的速度降压，将 PRCA6005 改为手动调节，尽量维持 4.3MPa。

3.4.2 开蒸汽

(1) 开蒸汽阀 V6006，投用 X601，使 TR6006 维持在 210℃以上，使残余气体继续反应；

(2) 开大 PRCA6004，降低系统压力，同时关小压缩机；

(3) 将 LICA6003 改为手动。

3.4.3 R601 降温、汽包降压

(1) 残余气体反应一段时间，系统压力 PI6001 低于 4MPa 后关蒸汽阀 V6006；

(2) 全开 E602 冷却水阀 V6010；

(3) 全开 E603 冷却水阀 V6011；

(4) 全开 PRCA6004，并逐渐减小压缩机转速；

(5) 全开 PRCA6005，当汽包压力降至接近 2.5MPa 后，关闭 PRCA6005，PRCA6005 前阀 VD6007，PRCA6005 后阀 VD6008；

(6) 开现场放空阀 V6015，泄压至常压，汽包压力降至常压后，关闭 V6015；

(7) 关闭 LICA6003 及其前后阀 VD6010、VD6009，停锅炉水。

3.4.4 氮气置换

(1) 开启现场阀 V6008，进行 N_2 置换，使 $H_2+CO_2+CO<1\%$(体积分数)；

(2) 保持 PI6001 在 0.5MPa 时，关闭 V6008；

(3) 关闭 PRCA6004；

(4) 关闭 PRCA6004 的前阀 VD6003、后阀 VD6004。

3.4.5 停压缩机

(1) 逐渐关闭 SIC6202;
(2) 关闭现场阀 VD6013;
(3) 关闭现场阀 VD6014;
(4) 关闭现场阀 VD6011;
(5) 关闭现场阀 VD6012;
(6) 使"油系统操作"按钮处于弹起状态，停用压缩机油系统和密封系统;
(7) 将 PI 6001 打向 Bypass;
(8) 将 PI 6002 打向 Bypass。

3.4.6 停冷却水

(1) 关闭现场阀 VD6010，停冷却水;
(2) 关闭现场阀 VD6011，停冷却水。

3.5 装置紧急停车

紧急停车包括停原料气，停压缩机，泄压，氮气置换四个阶段。

3.5.1 停原料气

(1) 将 PI 6001 打向 Bypass;
(2) 将 PI 6002 打向 Bypass;
(3) 将 FRCA6001 改为手动，关闭，现场关闭 FRCA6001 前阀 VD6001、后阀 VD6002;
(4) 将 FRCA6002 改为手动，关闭;
(5) 将 PRCA6004 改为手动，关闭。

3.5.2 停压缩机

(1) 逐渐关闭 SIC6202;
(2) 关闭现场阀 VD6013;
(3) 关闭现场阀 VD6014;
(4) 关闭现场阀 VD6011;
(5) 关闭现场阀 VD6012。

3.5.3 泄压

(1) 将 PRCA6004 改为手动，全开;
(2) 当系统压力 PI6001 降至 0.3MPa 以下时，将 PRCA6004 关小。

3.5.4 N_2 置换

(1) 开 V6008，进行 N_2 置换；

(2) 当 $CO+H_2<5\%$后，用 0.5MPa 的 N_2 保压；

(3) 将 PRCA6004 关闭，保压。

3.6 事故处理

3.6.1 分离罐液位高或反应器温度高联锁

1. 事故原因

F602 液位高或 R601 温度高联锁。

2. 事故现象

分离罐 F602 的液位 LICA6001 高于 70%，或反应器 R601 的温度 TR6006 高于 270℃。原料气进气阀 FRCA6001 和 FRCA6002 关闭，透平电磁阀 SP6001 关闭。

3. 处理方法

(1) 全开 LV6001，使 LICA6001 降至 70%以下；

(2) 关闭透平 T601 控制阀 SIC6202；

(3) 等联锁条件消除后，按“RESET6001”按钮复位；

(4) 开启 FIC6101，防止压缩机喘振，当 PI6102 大于 PI6001 且压缩机正常后关闭；

(5) 开启透平 T601 控制阀 SIC6202，重新启动压缩机；

(6) 透平电磁阀 SP6001 复位后手动开启进料控制阀 FRCA6001 和 FRCA6002。

3.6.2 汽包液位低联锁

1. 事故原因

F601 液位低联锁。

2. 事故现象

汽包 F601 的液位 LICA6003 低于 5%，温度高于 100℃；锅炉水入口阀 LICA6003 全开。

3. 处理方法

(1) 等联锁条件消除后，手动调节锅炉水入口控制阀 LICA6003 至 50%；

(2) 将 LICA6003 投自动，设为 50%。

3.6.3 循环压缩机损坏

1. 事故原因

循环压缩机损坏。

2. 事故现象

压缩机停止工作，出口压力等于入口压力，循环不能继续，导致反应不正常。

3. 处理方法

紧急停车，修好压缩机后重新开车。

3.6.4 反应器温度高报警

1. 事故原因

反应塔温度高报警。

2. 事故现象

反应塔温度 TR6006 高于 265℃但低于 270℃。

3. 处理方法

(1) 全开汽包上部 PRCA6005 控制阀，释放蒸汽热量；
(2) 打开现场锅炉水进料旁路阀 V6005，增大汽包的冷水进量；
(3) 将程控阀门 LICA6003 手动，全开，增大冷水进量；
(4) 手动打开现场汽包底部排污阀 V6014；
(5) 手动打开现场反应塔底部排污阀 V6012；
(6) 待温度稳定下降之后，观察下降趋势，当 TR6006 在 260℃时，关闭排污阀 V6012；
(7) 将 LICA6003 调至自动，设定液位为 50%；
(8) 关闭现场锅炉水进料旁路阀门 V6005；
(9) 关闭现场汽包底部排污阀 V6014；
(10) 将 PRCA6005 投自动，设定为 4.3MPa。

3.6.5 系统压力 PI6001 高报警

1. 事故原因

系统压力 PI6001 高报警。

2. 事故现象

系统压力 PI6001 高于 5.5MPa，但低于 5.7MPa。

3. 处理方法

(1) 关小 FRCA6001 的开度至 30%，压力正常后调回；
(2) 关小 FRCA6002 的开度至 30%，压力正常后调回。

3.7 简单控制方案

合成甲醇流程控制的重点是反应器的温度、系统压力以及合成原料气在反应器入口处各组分的含量。

3.7.1 反应器温度控制

反应器温度主要通过汽包来调节，如果反应器的温度较高并且升温速度较快，这时应将汽包蒸汽出口开大，增加蒸汽采出量，同时降低汽包压力，使反应器温度降低或温升速度变小。

如果反应器的温度较低并且升温速度较慢，这时应将汽包蒸汽出口关小，减少蒸汽采出量，慢慢升高汽包压力，使反应器温度升高或温降速度变小；如果反应器温度仍然偏低或温降速度较大，可通过开启开工喷射器 X601 来调节。

3.7.2 系统压力控制

系统压力主要靠混和气入口量 FRCA6001、H_2入口量 FRCA6002、放空量 FRCA6004 以及甲醇在分离罐中的冷凝量来控制。

在原料气进入反应塔前有一安全阀，当系统压力高于 5.7MPa 时，安全阀会自动打开，当系统压力降回 5.7MPa 以下时，安全阀自动关闭，从而保证系统压力不致过高。

3.7.3 合成原料气在反应器入口处各组分含量控制

合成原料气在反应器入口处各组分的含量是通过混和气入口量 FRCA6001、H_2入口量 FRCA6002 以及循环量来控制的。冷态开车时，由于循环气的组成没有达到稳态时的循环气组成，需要慢慢调节才能达到稳态时的循环气组成。

1. 调节循环气中 H_2的含量

如果想增加循环气中 H_2的含量，应开大 FRCA6002、增大循环量并减小 FRCA6001，经过一段时间后，循环气中 H_2含量会明显增大；反之如果要减小循环气中 H_2的含量，应关小 FRCA6002、减小循环量并增大 FRCA6001，经过一段时间后，循环气中 H_2含量会明显减小。

2. 调节反应塔入口气中 H_2的含量

如果想增加反应塔入口气中 H_2的含量，应关小 FRCA6002 并增加循环量，经过一段时间后，入口气中 H_2 含量会明显增大；如果降低反应塔入口气中 H_2 的含量，应开大 FRCA6002 并减小循环量，经过一段时间后，入口气中 H_2含量会明显增大。

3. 循环量的调节

循环量主要通过透平来调节。由于循环气组分多，所以调节起来难度较大，不可能一蹴而就，需要一个缓慢的调节过程。调平衡的方法是：通过调节循环气量和混和气入口量使反应入口气中 H_2/CO(体积比)在 7~8 之间，同时通过调节 FRCA6002，使循环气中 H_2的含量尽量保持在 79%左右，同时逐渐增加入口气的量直至正常（FRCA6001 的正常量为 14877Nm^3/h，FRCA6002 的正常量为 13804Nm^3/h），达到正常后，新鲜气中 H_2与 CO 之比(FFR6002)在 2.05~2.15 之间。

第4章 甲醇精制工艺

4.1 工艺简介

4.1.1 工艺背景

甲醇在世界基础有机化工原料中，消费量仅次于乙烯、丙烯和苯，居第四位，在化工、医药、轻工、纺织等行业用途广泛，具有举足轻重的作用。随着我国国民经济的高速发展、甲醇衍生物及下游产品生产的迅速发展和甲醇燃料的应用，甲醇需求量越来越大，2014年全国甲醇总产量为3740.7万吨，比2013年同比增长26.2%，2014年我国的甲醇总需求4084.4万吨，并逐年递增。在以CO和H_2为原料合成甲醇过程中，无论采用何种工艺生产都会不同程度地发生一些副反应，产生除甲醇以外的其他杂质，同时由于二氧化碳的存在，会有相当量的水生成。为了获得高纯度、高质量的甲醇产品，甲醇精制成为甲醇生产企业的重要后处理工序，其能耗约占甲醇总能耗的20%。甲醇精制的目的，就是实现甲醇与水及有机物等杂质的分离，生产出合格的精甲醇产品，这一工序的能耗高低对甲醇产品的成本有重要影响。如何提高甲醇的质量、降低能耗是关系到每个企业争生存、求发展、取得更高经济效益的大事。

粗甲醇的净化过程包括精馏和化学处理。化学处理主要用碱破坏在精馏过程中难以分离的杂质，并调节pH值；精馏主要是脱除易挥发组分如二甲醚，以及难挥发组分如乙醇、高碳醇和水。精馏后的纯度一般都可达到98%以上。

4.1.2 工艺原理

目前我国使用较广泛的甲醇精制生产方法是双塔精馏、三塔精馏、四塔精馏流程工艺。

双塔精馏工艺为我国以前老的甲醇装置中采用较广的一种精馏流程。粗甲醇先经预精馏塔，经预精馏后的含水甲醇直接由泵输送经热交换器后再至主精馏塔，最终在主精馏塔将水与甲醇、重组分及参与轻组分进行有效分离，得到精甲醇产品。生产实践证明双塔精馏流程简单、操作方便、运行稳定，能满足甲醇生产要求。三塔精馏是目前甲醇生产装置应用较广泛的精馏工艺。粗甲醇按次序分别进入预精馏塔、加压塔和常压塔进行精馏，大部分轻组分在预精馏塔去除，加压塔和常压塔均采出产品，约各占一半。三塔精馏具有精馏能耗低、操作稳定、产品质量好等突出优点，但操作相对比较复杂。

防真装置采用四塔(3+1)精馏工艺，包括预塔、加压塔、常压塔及甲醇回收塔。预塔的主要目的是除去粗甲醇中溶解的气体(如CO_2、CO、H_2等)及低沸点组分(如二甲醚、甲酸甲酯)，加压塔及常压塔的目的是除去水及高沸点杂质(如异丁基油)，同时获得高纯度的优质甲醇产品。另外，为了减少废水排放，增设甲醇回收塔，进一步回收甲醇，减少废水中甲醇的含量。

4.1.3 流程概述

从甲醇合成工段来的粗甲醇进入粗甲醇预热器(E0401)与预塔再沸器(E0402)、加压塔再沸器(E0406B)和回收塔再沸器(E0414)来的冷凝水进行换热后进入预塔(D0401),经D0401分离后,塔顶气相为二甲醚、甲酸甲酯、二氧化碳、甲醇等蒸气,经二级冷凝后,不凝气通过火炬排放,冷凝液中补充脱盐水返回D0401作为回流液,塔釜为甲醇水溶液,经P0403增压后用加压塔(D0402)塔釜出料液在E0405中进行预热,然后进入D0402。

经D0402分离后,塔顶气相为甲醇蒸气,与常压塔(D0403)塔釜液换热后部分返回D0402打回流,部分采出作为精甲醇产品,经E0407冷却后送中间罐区产品罐,塔釜出料液在E0405中与进料换热后作为E0403塔的进料。

在D0403中甲醇与轻重组分以及水得以彻底分离,塔顶气相为含微量不凝气的甲醇蒸气,经冷凝后,不凝气通过火炬排放,冷凝液部分返回D0403打回流,部分采出作为精甲醇产品,经E0410冷却后送中间罐区产品罐,塔下部侧线采出杂醇油作为回收塔(D0404)的进料。塔釜出料液为含微量甲醇的水,经P0409增压后送污水处理厂。

经D0404分离后,塔顶产品为精甲醇,经E0415冷却后部分返回D0404回流,部分送精甲醇罐,塔中部侧线采出异丁基油送中间罐区副产品罐,底部的少量废水与D0403塔底废水合并。

4.2 主要工艺控制指标

4.2.1 主要设备说明(表4.1)

表4.1 主要设备

序号	位　号	说　明	序号	位　号	说　明
1	E0401	粗甲醇预热器	16	P0404A/B	加压塔回流泵
2	E0402	预塔再沸器	17	E0409	常压塔冷凝器
3	E0403	预塔一级冷凝器	18	E0410	精甲醇冷却器
4	D0401	预塔	19	E0416	废水冷却器
5	P0402A/B	预塔回流泵	20	D0403	常压塔
6	P0403A/B	预后泵	21	V0406	常压塔回流罐
7	V0403	预塔回流罐	22	P0405A/B	常压塔回流泵
8	E0405	加压塔预热器	23	P0406A/B	回收塔进料泵
9	E0406A	加压塔蒸汽再沸器	24	P0409A/B	废液泵
10	E0406B	加压塔转化气再沸器	25	E0414	回收塔再沸器
11	E0407	精甲醇冷却器	26	E0415	回收塔冷凝器
12	E0408	冷凝再沸器	27	D0404	回收塔
13	E0413	加压塔二冷	28	V0407	回收塔回流罐
14	D0402	加压塔	29	P0411A/B	回收塔回流泵
15	V0405	加压塔回流罐			

4.2.2　控制指标(表 4.2)

表 4.2　控制指标

序号	位　号	正常值	单位	说　　明
1	PI4003	0.03	MPa	预塔塔压控制
2	TI4001	72	℃	预塔进料温度控制
3	FIC4004	16690	kg/h	预塔塔顶回流量控制
4	LI4001	50	%	预塔塔釜液位控制
5	FIC4002	35176	kg/h	加压塔预热器进料控制
6	TR4005	77.4	℃	预塔塔釜温度控制
7	FIC4005	11200	kg/h	预塔塔釜重沸器蒸汽量控制
8	PI4005	0.7	MPa	加压塔压力控制
9	FIC4013	37413	kg/h	加压塔塔顶回流量控制
10	LI4011	50	%	加压塔塔釜液位控制
11	FIC4007	22747	kg/h	加压塔塔顶回流罐不凝气控制
12	TR4027	134.8	℃	加压塔塔釜温度控制
13	LI4021	50	%	常压塔塔釜液位控制
14	FIC4036	135	kg/h	回收塔粗甲醇采出量控制
15	LI4031	50	%	回收塔塔釜液位控制
16	FIC4035	346	kg/h	回收塔去常压塔釜流量控制
17	TR4065	107	℃	回收塔塔釜温度控制
18	FIC4031	700	kg/h	回收塔塔釜重沸器蒸汽量控制

4.3　冷态开车

装置冷态开工状态为所有装置处于常温、常压下，各调节阀处于手动关闭状态，各手操阀处于关闭状态，可以直接进冷物流。

4.3.1　开车前准备

(1) 打开预塔一级冷凝器 E0403 冷却水阀 VA4006 和二级冷凝器的冷却水阀 VA4008，如图 4.1 所示。

(2) 打开加压塔冷凝器 E0413 冷却水阀 VA4018 和 E0407 的冷却水阀 VA4021，如图 4.2 所示。

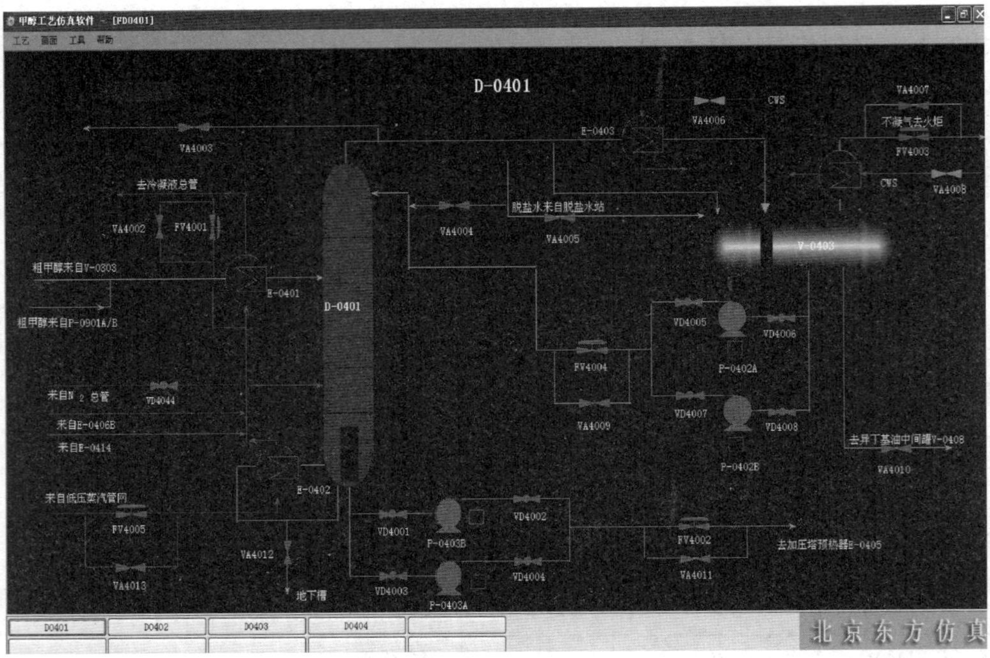

图 4.1

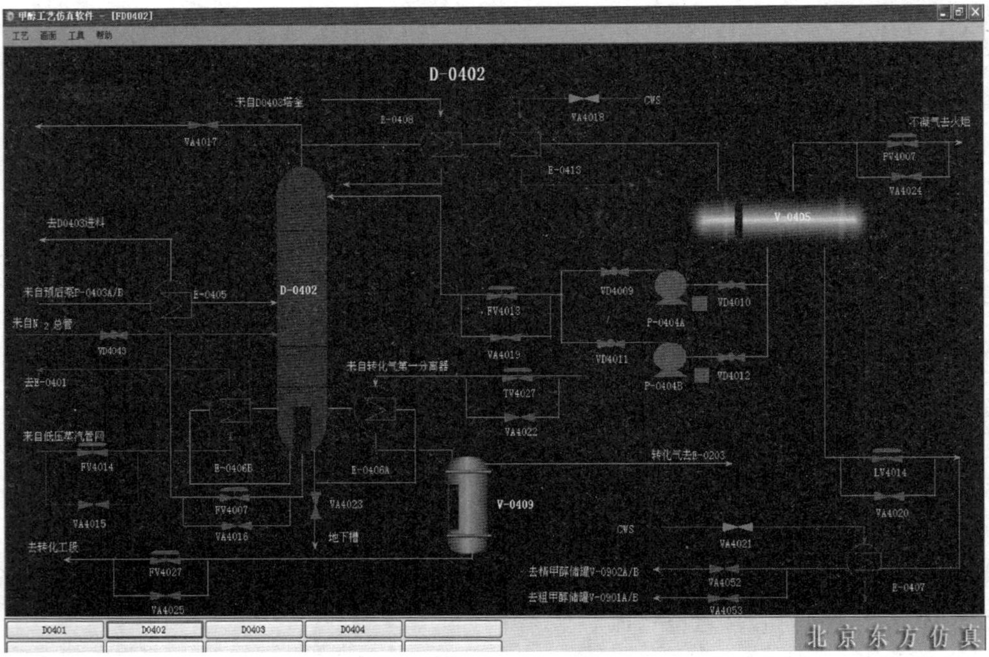

图 4.2

（3）打开常压塔冷凝器 E0409 冷却水阀 VA4027、E0410 冷却水阀 VA4026 和 E0416 的冷却水阀 VA4033，如图 4.3 所示。

（4）打开回收塔冷凝器 E0415 的冷却水阀 VA4045，如图 4.4 所示。

（5）打开加压塔的 N_2 进料阀 VD4043，给加压塔充压至 0.65atm 后再将其关闭。

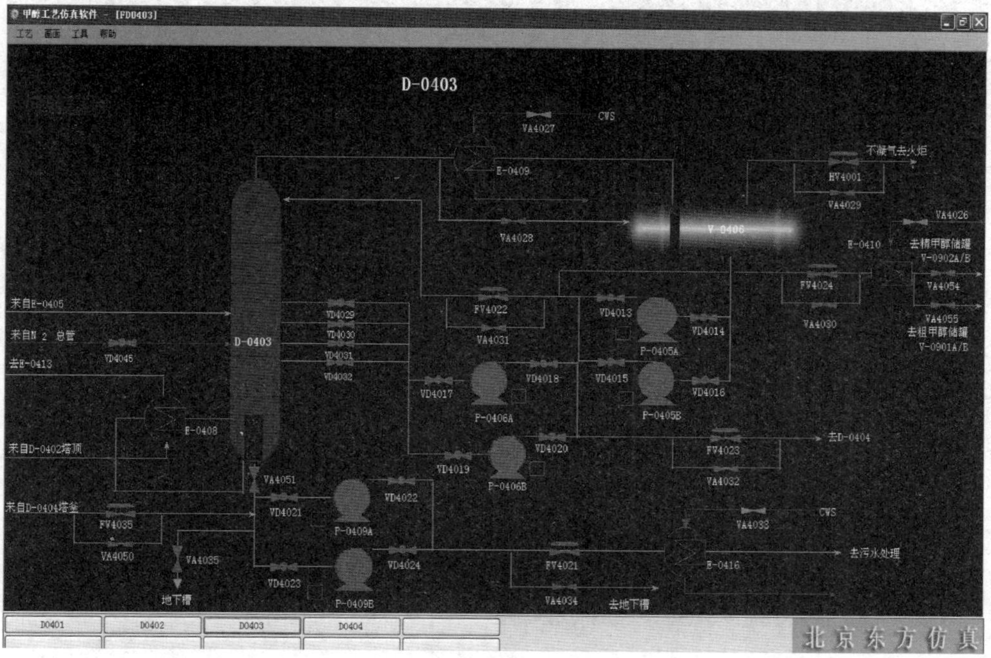

图 4.3

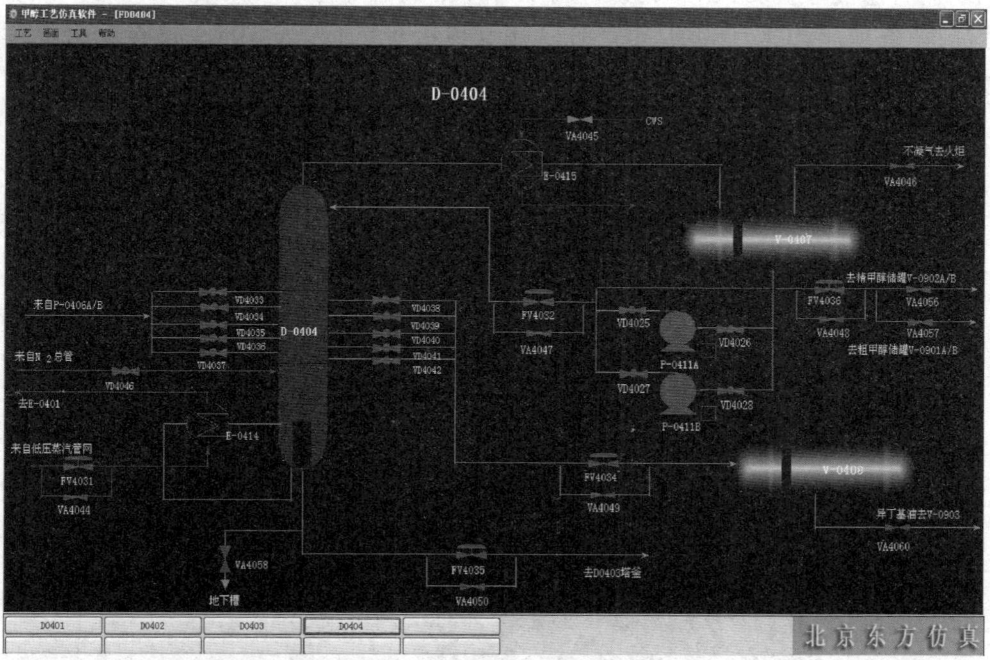

图 4.4

4.3.2　预塔、加压塔和常压塔开车

(1) 开粗甲醇预热器 E0401 的进口阀 VA4001(>50%)，向预塔 D0401 进料，如图 4.5 所示。

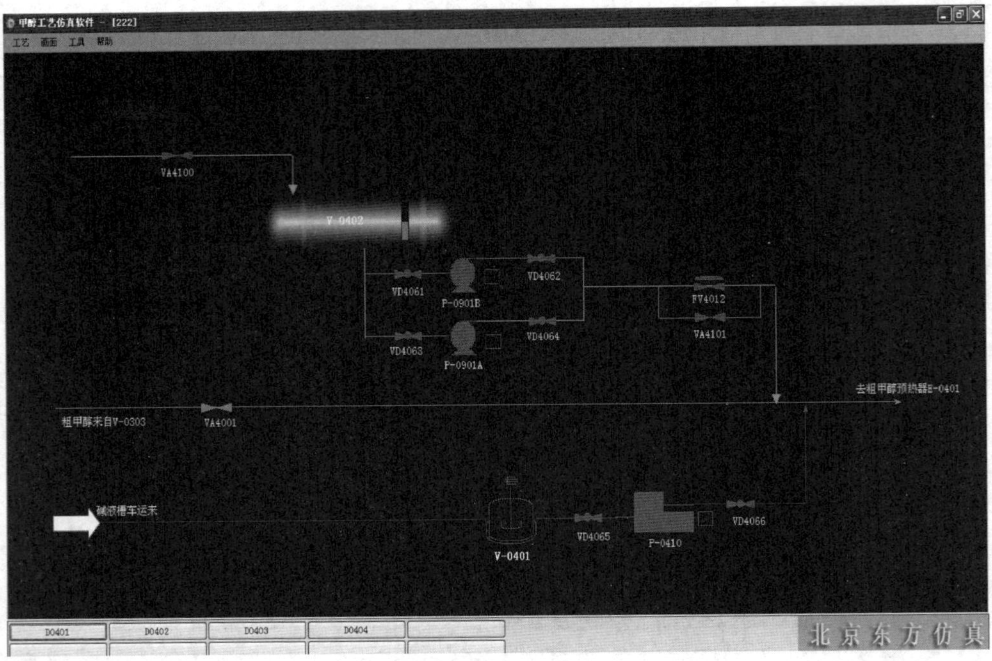

图 4.5

(2) 打开碱液计量泵 P0410 的入口阀 VD4065，打开计量泵 P0410，出口阀 VD4066；

(3) 待塔顶压力大于 0.02MPa 时，调节预塔排气阀 FV4003，使塔顶压力维持在 0.03MPa 左右，如图 4.6 所示。

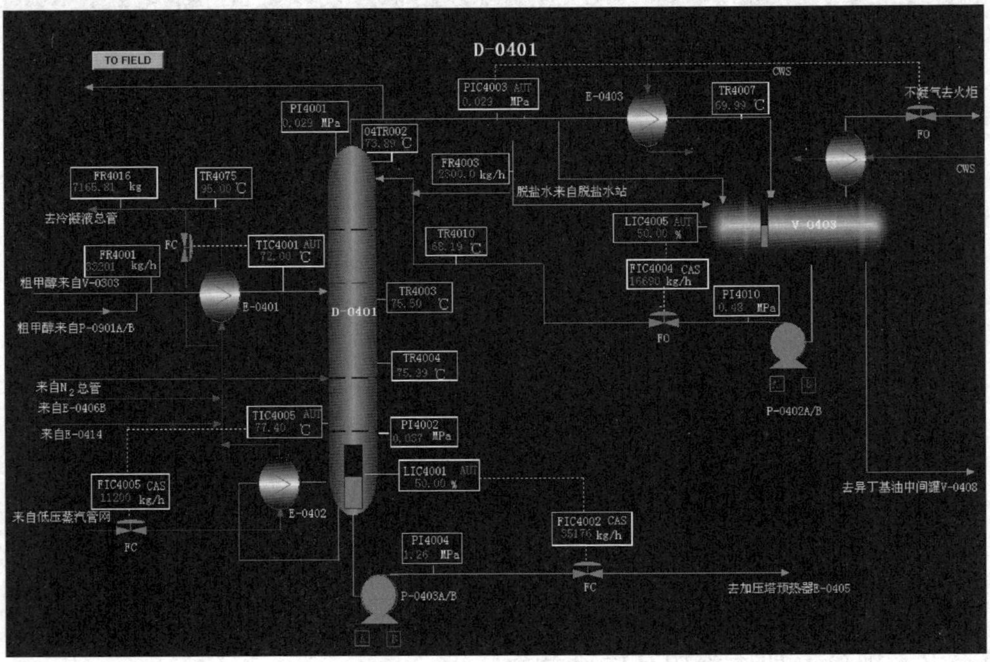

图 4.6

(4) 预塔 D0401 塔底液位超过 80%后，打开泵 P0403A 的入口阀，启动泵，打开泵出口阀，再手动打开调节阀 FV4002(>50%)，向加压塔 D0402 进料。

（5）当加压塔 D0402 塔底液位超过 60%后，手动打开塔釜液位调节阀 FV4007（>50%），向常压塔 D0403 进料，如图 4.7 所示。

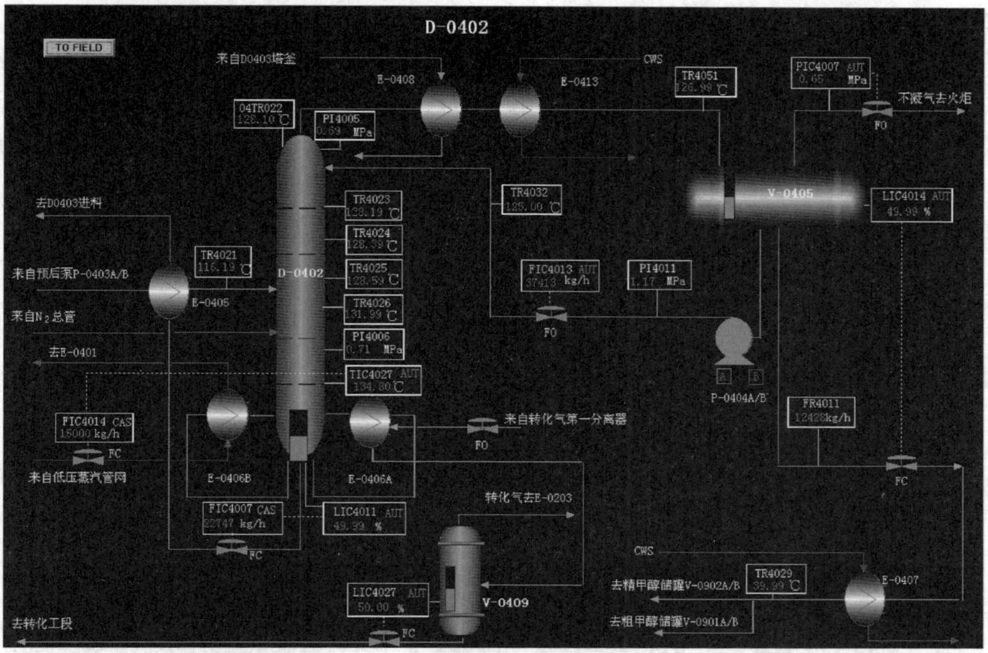

图 4.7

（6）通过调节蒸汽阀 FV4005 开度，给预塔再沸器 E0402 加热；通过调节阀 PV4007 的开度，使加压塔回流罐压力维持在 0.65MPa；通过调节 FV4014 开度，给加压塔再沸器 E0406B 加热；通过调节 TV4027 开度，给加压塔再沸器 E0406A 加热。

（7）通过调节阀门 HV4001 的开度，使常压塔回流罐压力维持在 0.01MPa，如图 4.8 所示。

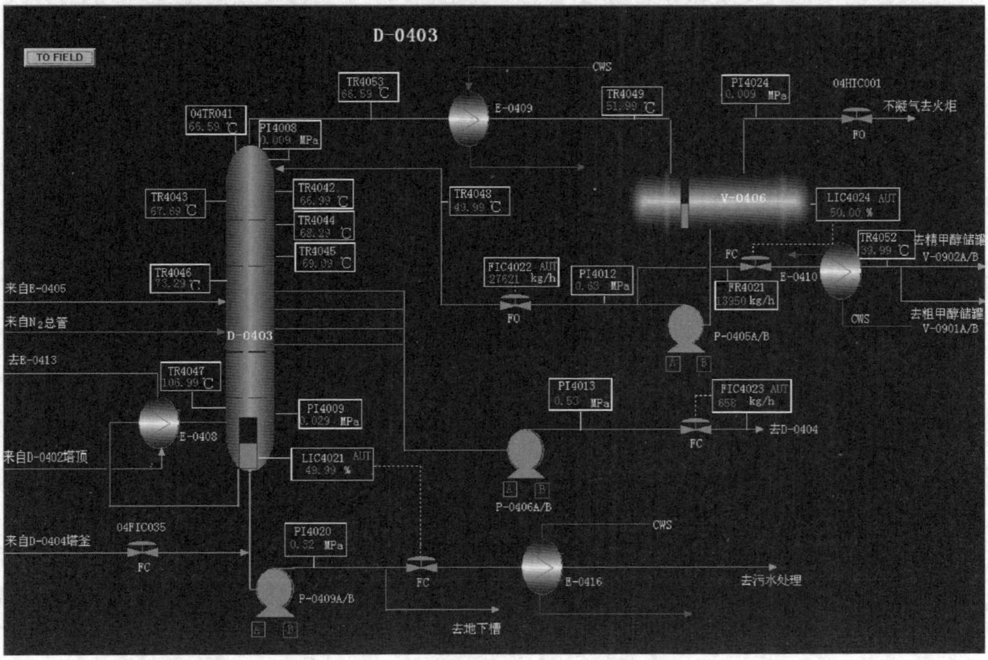

图 4.8

(8) 当预塔回流罐有液体产生时，开脱盐水阀 VA4005，冷凝液中补充脱盐水，开预塔回流泵 P0402A 入口阀，启动泵，开出口阀。通过调节阀 FV4004(开度>40%)开度控制回流量，维持预塔回流罐 V0403 液位在 40%以上。

(9) 当加压塔回流罐有液体产生时，开加压塔回流泵 P0404A 入口阀，启动泵，开泵出口阀。调节阀 FV4013(开度>40%)开度控制回流量，维持回流罐 V0405 液位在 40%以上

(10) 回流罐 V0405 液位无法维持时，逐渐打开 LV4014，打开 VA4052，采出塔顶产品。

(11) 当常压塔回流罐有液体产生时，开常压塔回流泵 P0405A 入口阀，启动泵，开泵出口阀。调节阀 FV4022(开度>40%)，维持回流罐 V0406 液位在 40%以上。

(12) 回流罐 V0406 液位无法维持时，逐渐打开 FV4024、VA4054 采出塔顶产品。

(13) 维持常压塔塔釜液位在 80%左右。

4.3.3 回收塔开车

(1) 常压塔侧线采出杂醇油作为回收塔 D0404 进料，打开侧线采出阀 VD4029 至 VD4032，开回收塔进料泵 P0406A 入口阀，启动泵，开泵出口阀。调节阀 FV4023(开度>40%)开度控制采出量，打开回收塔进料阀 VD4033 至 VD4037，如图 4.9 所示。

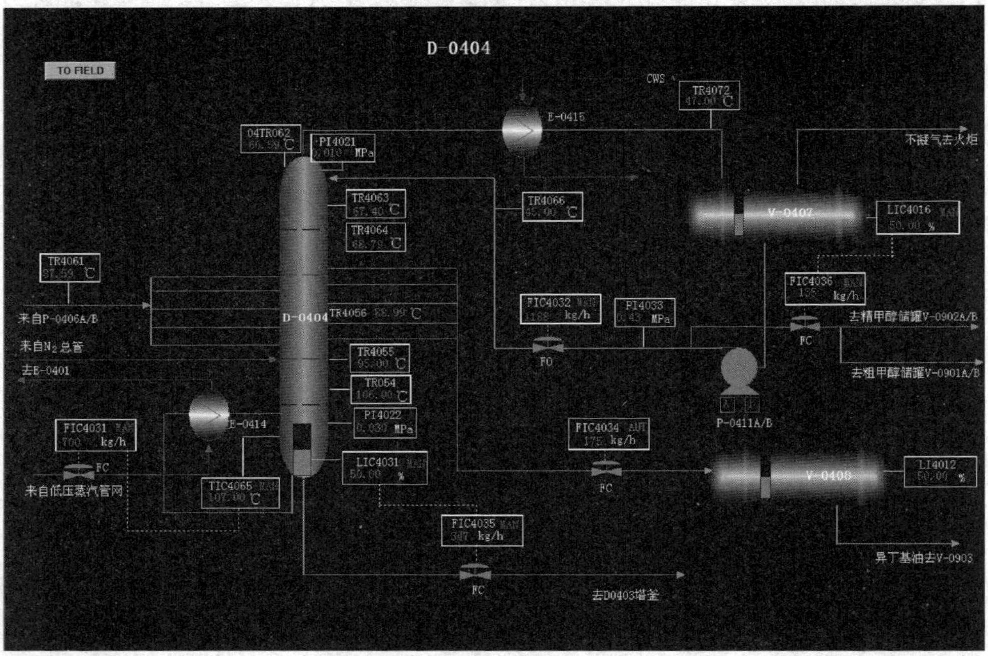

图 4.9

(2) 待塔 D0404 塔底液位超过 50%后，手动打开流量调节阀 FV4035，与 D0403 塔底污水合并。

(3)通过调节蒸汽阀 FV4031 开度，给再沸器 E0414 加热。

(4) 通过调节阀 VA4046 的开度，使回收塔压力维持在 0.01MPa。

(5) 当回流罐有液体产生时，开回流泵 P0411A 入口阀，启动泵，开泵出口阀，调节阀 FV4032(开度>40%)，维持回流罐 V0407 液位在 40%以上。

(6) 回流罐 V0407 液位无法维持时，逐渐打开 FV4036、VA4056 采出塔顶产品。

（7）回收塔侧线采出异丁基油，分别打开侧线采出阀 VD4038 至 VD4042，手动打开调节阀 FV4034(开度>40%)。

4.3.4 调节至正常

(1)待预塔塔压稳定后，将 PIC4003 设置为自动，设定 PIC4003 为 0.03MPa。

（2）调节 FV4001，进料温度稳定至 72℃后，将 TIC4001 设置为自动。

（3）逐步调整预塔回流量 FIC4004 至 16690kg/h 左右，将 FIC4004 设置为自动并且设定为 16690kg/h；将 LIC4005 设为自动，设定 LIC4005 为 50%；将 FIC4004 设为串级。

（4）逐步调整塔釜出料量 FIC4002 至 35176kg/h 左右，将 FIC4002 设置为自动并且设定为 35176kg/h；将 LIC4001 设为自动，设定 LIC4001 为 50%；将 FIC4002 设为串级。

（5）当 FIC4005 稳定在 11200kg/h 左右时，将 FIC4005 设置为自动并且设定为 11200kg/h。

（6）通过调整加热蒸汽量 FIC4005 控制预塔塔釜温度 TIC4005 至 77.4℃左右，将 TIC4005 设为自动并设定为 77.4℃；将 FIC4005 设为串级。

（7）将 LIC4014 设为自动并设为 50%；当 FIC4013 稳定在 37413kg/h，将 FIC4013 设置为自动并设定为 37413kg/h。

（8）当 FIC4007 稳定在 22747kg/h，将 FIC4007 设置为自动并设定为 22747kg/h；将 LIC4011 设为自动并设为 50%；将 FIC4007 设为串级。

（9）当 FIC4014 稳定在 15000kg/h，将 FIC4014 设置为自动并设为 15000kg/h；将 TIC4027 设为自动并设定为 134.8℃；将 FIC4014 设为串级。

（10）将 LIC4024 设为自动并设为 50%。

（11）将 LIC4021 设为自动并设为 50%。

（12）当 FIC4036 稳定在 135kg/h，将 FIC4036 设置为自动并设定为 135kg/h；将 LIC4016 设为自动并设定为 50%；将 FIC4036 设为串级。

(13)当 FIC4035 稳定在 346kg/h，将 FIC4035 设置为自动并设定为 346kg/h；将 LIC4031 设为自动并设定为 50%。

(14)当 FIC4031 稳定在 700kg/h，将 FIC4031 设置为自动并设定为 700kg/h；将 TIC4065 设为自动并设定为 107℃；将 FIC4031 设为串级。

4.4 装置正常停工过程

正常停工包括预塔停车、加压塔停车、常压塔停车、回收塔停车四个阶段。

4.4.1 预塔停车

(1)手动逐步关小进料阀 VA4001，使进料降至正常进料量的 70%。

（2）依次关闭计量泵 P0410 出口阀 VD4066、泵 P0410、计量泵 P0410 入口阀 VD4065。

（3）在降负荷过程中，断开 04LICA001 和 04FIC002 的串级，尽量通过 FV4002 排出塔釜产品，使 LIC4001 降至 30%左右。

（4）关闭调节阀 VA4001，停预塔进料。

（5）关闭阀门 FV4005，停预塔再沸器的加热蒸汽。

（6）依次关闭加压塔进料泵 P0403 出口阀 VD4004、泵 P0403、泵入口阀 VD4003。

（7）手动关闭 FV4002，停止产品采出。

（8）打开塔釜泄液阀 VA4012，排不合格产品，并控制塔釜降低液位。

（9）关闭脱盐水阀门 VA4005。

（10）停进料和再沸器后，断开 LICA005 和 FIC004 的串级，手动开大 FV4004，将回流罐中的液体全部通过回流泵打入塔，以降低塔内温度。

（11）当回流罐液位降至 5%时，停回流，关闭调节阀 FV4004。

（12）停泵 P0402A，关闭泵出口阀 VD4005，入口阀 VD4006。

（13）当塔釜液位降至 5%，关闭泄液阀 VA4012。

（14）当塔压降至常压后，关闭 FV4003。

（15）预塔温度降至 30℃左右时，关冷凝器冷凝水。

4.4.2 加压塔停车

（1）加压塔采出精甲醇 VA4052 改去粗甲醇储槽 VA4053。

（2）尽量通过 LV4014 排出回流罐中的液体产品，至回流罐液位 LIC4014 在 20%左右。

（3）尽量通过 FV4007 排出塔釜产品，使 LIC4011 降至 30%左右。

（4）关闭阀门 FV4014 和 TV4027，停加压塔再沸器的加热蒸汽。

（5）手动关闭 LV4014 和 FV4007，停止产品采出。

（6）打开塔釜泄液阀 VA4023，排不合格产品，并控制塔釜降低液位。

（7）停进料和再沸器后，回流罐中的液体全部通过回流泵打入塔，以降低塔内温度。

（8）当回流罐液位降至 5%时，停回流，关闭调节阀 FV4013。

（9）当塔釜液位降至 5%时，关闭泄液阀 VA4023。

（10）塔釜液位降至 5%左右，开大 PV4007 进行降压，当塔压降至常压后，关闭 PV4007。

（11）加压塔温度降至 30℃左右时，关冷凝器冷凝水。

4.4.3 常压塔停车

（1）常压塔采出精甲醇 VA4054 改去粗甲醇储槽 VA4055。

（2）尽量通过 FV4024 排出回流罐中的液体产品，至回流罐液位 LIC4024 在 20%左右。

（3）尽量通过 FV4021 排出塔釜产品，使 LIC4021 降至 30%左右。

（4）手动关闭 FV4024，停止产品采出。

（5）打开塔釜泄液阀 VA4035，排不合格产品，并控制塔釜降低液位。

（6）停进料和再沸器后，回流罐中的液体全部通过回流泵打入塔，以降低塔内温度。

（7）当回流罐液位降至 5%时，停回流，关闭调节阀 FV4022。

（8）关闭侧采产品出口阀 FV4023 及阀 VD4029、VD4030、VD4031、VD4032。

（9）停泵 P0406A，关闭泵出口阀 VD4018 及入口阀 VD4017。

（10）当塔釜液位降至 5%时，关闭泄液阀 VA4035。

(11) 当塔压降至常压后，关闭 HV4001。
(12) 关闭侧线采出阀 FV4023。
(13) 常压塔温度降至 30℃左右时，关冷凝器冷凝水。

4.4.4　回收塔停车

(1) 回收塔采出精甲醇 VA4056 改去粗甲醇储槽 VA4057。
(2) 尽量通过 FV4036 排出回流罐中的液体产品，至回流罐液位 LIC4016 在 20%左右。
(3) 尽量通过 FV4035 排出塔釜产品，使 LIC4031 降至 30%左右。
(4) 手动关闭 FV4036 和 FV4035，停止产品采出。
(5) 停进料和再沸器后，回流罐中的液体全部通过回流泵打入塔，以降低塔内温度。
(6) 当回流罐液位降至 5%时，停回流，关闭调节阀 FV4032。
(7) 当塔釜液位降至 5%时，关闭泄液阀 FV4035。
(8) 当塔压降至常压后，关闭 VA4046。
(9) 关闭侧线采出阀 FV4034。
(10) 回收塔温度降至 30℃左右时，关冷凝器冷凝水。
(11) 关闭 FV4021。

4.5　事故处理

4.5.1　回流控制阀 FV4004 阀卡

1. 事故原因
回流控制阀 FV4004 阀卡。
2. 事故现象
回流量减小，塔顶温度上升，压力增大。
3. 处理方法
(1) 将 FIC4004 设为手动模式；
(2) 打开旁路阀 VA4009，保持回流。

4.5.2　回流泵 P0402A 故障

1. 事故原因
回流泵 P0402A 故障。
2. 事故现象
P0402A 断电，回流中断，塔顶压力、温度上升。
3. 处理方法
启动备用泵 P0402B。

4.5.3 回流罐 V0403 液位超高

1. 事故原因

回流罐 V0403 液位超高。

2. 事故现象

回流罐 V0403 液位超高，塔温度下降。

3. 处理方法

(1) 启动备用泵 P0402B；

(2) 将 FC104 设为手动模式，待 V0403 液位接近正常液位时，关闭泵 P0402B。

4.6 复杂控制方案说明

本工段复杂控制回路主要是串级回路的使用，使用了液位与流量串级回路和温度与流量串级回路。

预塔 D0401 的塔釜温度控制 TIC005 和再沸器热物流进料 FIC005 构成一串级回路。温度调节器的输出值同时是流量调节器的给定值，即流量调节器 FIC005 的 SP 值由温度调节器 TIC005 的输出 OP 值控制，TIC005. OP 的变化使 FIC005. SP 产生相应的变化。

第5章　二甲醚合成精制工艺

5.1　工艺简介

5.1.1　工艺背景

二甲醚为易燃气体。与空气混合能形成爆炸性混合物。接触热、火星、火焰或氧化剂易燃烧爆炸。接触空气或在光照条件下可生成具有潜在爆炸危险性的过氧化物，密度比空气大，能在较低处扩散到相当远的地方，遇火源会着火回燃。若遇高热，容器内压增大，有开裂和爆炸的危险。

作为LPG和石油类的替代燃料，目前二甲醚倍受注目。二甲醚(DME)是具有与LPG的物理性质相类似的化学品，在燃烧时不会产生破坏环境的气体，能便宜而且大量地生产。与甲烷一样，被期望成为21世纪的能源之一。DME的化学式是CH_3OCH_3，是醚的同系物，但与用作麻醉剂的乙醚不一样，毒性极低；能溶解各种化学物质；由于加压时容易液化，可以用作喷雾剂、致冷剂及特殊燃料。现在DME由甲醇在催化剂存在下脱水合成，也可以将甲醇合成时产生的气体分离精制制造。目前全世界二甲醚每年的产量不超过10×10^4t。

5.1.2　工艺原理

二甲醚的生产方法有一步法和二步法。一步法是指由原料气一次合成二甲醚，二步法是由合成气合成甲醇，然后再脱水制取二甲醚。

1. 二甲醚生产线一步法

该法是由天然气转化或煤气化生成合成气后，合成气进入合成反应器内，在反应器内同时完成甲醇合成与甲醇脱水两个反应过程和变换反应，产物为甲醇与二甲醚的混合物，混合物经蒸馏装置分离得二甲醚，未反应的甲醇返回合成反应器。

一步法多采用双功能催化剂，该催化剂一般由2类催化剂物理混合而成，其中一类为合成甲醇催化剂，如Cu-Zn-Al(O)基催化剂，BASFS3-85和ICI-512等；另一类为甲醇脱水催化剂，如氧化铝、多孔SiO_2-Al_2O_3、Y型分子筛、ZSM-5分子筛、丝光沸石等。

2. 二甲醚生产二步法

该法是分两步进行的，即先由合成气合成甲醇，甲醇在固体催化剂下脱水制二甲醚。国内外多采用含γ-Al_2O_3/SiO_2制成的ZSM-5分子筛作为脱水催化剂。反应温度控制在280~340℃，压力为0.5~0.8MPa。甲醇的单程转化率在70%~85%之间，二甲醚的选择性大于98%。

一步法合成二甲醚没有甲醇合成的中间过程，与两步法相比，其工艺流程简单、设备少、投资小、操作费用低，从而使二甲醚生产成本得到降低，经济效益得到提高。因此，一步法合成二甲醚是国内外开发的热点。国外开发的有代表性的一步法工艺有：丹麦 Topsφe 工艺、美国 Air Products 工艺和日本 NKK 工艺。

5.1.3 仿真装置概述

甲醇制二甲醚生产工艺过程主要分为反应和精馏两大工段。

反应工段包括甲醇预热、汽化和甲醇脱水反应及粗甲醚收集。

原料甲醇经预热后在汽化塔内被汽化成甲醇蒸气，甲醇蒸气与反应产品进行热交换后升温到 240~260℃进入反应器，同时气体换热器还提供 150℃甲醇冷激蒸气。

甲醇蒸气在催化剂和一定温度条件下进行分子间脱水反应。主要反应方程式：

$$2CH_3OH \xlongequal{\quad} CH_3OCH_3+H_2O$$

上述反应为放热反应，在反应条件下还会伴随发生一系列副反应：

$$CH_3OH \longrightarrow CO+2H_2$$

$$2CH_3OH \longrightarrow C_2H_4+2H_2O$$

$$2CH_3OH \longrightarrow CH_4+2H_2O+C$$

$$CH_3OCH_3 \longrightarrow CH_4+CO+H_2$$

$$CO+H_2O \longrightarrow CO_2+H_2$$

由于反应为放热反应，其放热使反应器自身温度和催化剂床层温度升高，故第二段催化剂床层中，温度用热气流中喷入温度较低的甲醇蒸气(即 150℃甲醇冷激蒸气)的方法来调节，使反应温度在一定范围内进行。

在操作温度下，甲醇不能完全转化，又伴有少量副反应产生，因此反应器出来的产品除二甲醚、甲醇、水外，还有少量的不凝气体，经换热器回收热量，水冷后进入粗甲醚储罐。粗甲醚储罐中的不凝气体经气体冷却器冷却后进入洗涤塔，经精馏塔塔釜液洗涤吸收二甲醚后，不凝气体送燃气系统。

二甲醚、甲醇、水的沸点分别为-24℃、64.7℃、100℃，且无共沸物存在。反应出来的粗甲醚(含甲醇、二甲醚、水)用泵送入精馏塔，塔顶得到的二甲醚冷凝液部分回流，部分经分析合格后作为产品采出。精馏塔釜液储罐的水甲醇溶液，部分作为洗涤塔吸收液使用，部分返回反应工段的汽化塔分离甲醇和水，在汽化塔顶得到甲醇返回系统使用。

具体流程如下：

原料甲醇来自甲醇合成工序粗甲醇中间罐区，经甲醇进料泵(P101A/B)加压、甲醇预热器(E104)预热后进入甲醇汽化塔(T101)进行汽化。从 T101 出来的汽化甲醇经气体换热器(E103)换热后分两股进入反应器(R101)：第一股过热到反应温度，从顶部进入反应器，第二股稍过热后作为冷激气从第二段催化剂床层的上部进入反应器(R101)。

从反应器 R101 出来的反应气体经气体换热器 E103、甲醇预热器 E104 和粗甲醚预热器 E111 换热，粗甲醚冷凝器 E105 冷凝后进入粗甲醚储罐 V102 进行气液分离。液相为粗甲醚，气相为 H_2、CO、CH_4、CO_2 等不凝性气体和饱和甲醇、二甲醚蒸气。

从粗甲醚储罐(V102)出来的不凝性气体经气体冷却器 E108 冷却后进入洗涤塔(T102)，经洗涤液吸收其中的二甲醚、甲醇后，吸收尾气送燃气系统。吸收用的洗涤液来自精馏塔釜液储罐 V103。

从粗甲醚储罐(V102)出来的粗甲醚用精馏塔进料泵(P102A、B)加压并计量后经过粗甲醚预热器(E111)送入精馏塔(T103)。塔顶蒸汽经精馏塔冷凝器(E107)冷凝后收集在精馏塔甲醚回流罐(V104)中。冷凝液一部分作为精馏塔回流液用甲醚回流泵（P103A、B)加压后回流，另一部分作为产品由外管送产品罐区。

从精馏塔(T103)溢流出来的水甲醇釜液经釜液输送泵(P104A、B)增压后，其中一小部分经洗涤液冷却器(E114)冷却后送洗涤塔(T102)作为洗涤液用，其余大部分送入汽化塔(T101)中段。

5.1.4 控制方案

本工段复杂控制回路主要是串级回路的使用，使用了液位与流量串级回路。

串级回路是在简单调节系统基础上发展起来的。在结构上，串级回路调节系统有两个闭合回路。主、副调节器串联，主调节器的输出为副调节器的给定值，系统通过副调节器的输出操纵调节阀动作，实现对主参数的定值调节。所以在串级回路调节系统中，主回路是定值调节系统，副回路是随动系统。

精馏塔回流罐V104的液位控制LIC103和产品出口物流FIC108构成一串级回路。液位调节器的输出值同时是流量调节器的给定值，即流量调节器FIC108的SP值由液位调节器LIC103的输出OP值控制，LIC103.OP的变化使FIC108.SP产生相应的变化。

5.2 主要设备及操作工艺指标

5.2.1 主要设备

该工段包括以下设备：

V101：粗甲醇储罐

T101：甲醇汽化塔

R101：反应器

F101：开工加热炉

V102：粗甲醚储罐

V104：精馏塔回流罐

T102：洗涤塔

T103：精馏塔

P101A/B：原料甲醇进料泵

P102A/B：精馏塔进料泵

P103A/B：回流泵

P104A/B：釜液输送泵

E102：汽化塔再沸器

E103：气体换热器

E104：甲醇预热器

E105：粗甲醚冷却器

E106：精馏塔再沸器
E107：冷却器
E108：气体冷却器
E111：粗甲醚预热器
E114：冷却器

5.2.2 主要调节器、仪表工艺指标

1. 汽化段(表 5.1)

表 5.1 汽化段

序号	位　号	名　　称	正常情况显示值
1	TI1003	甲醇预热器 E104 出口温度	120℃
2	TI1004	气体换热器 E103 出口温度	280℃
3	TI1005	粗甲醚预热器 E111 入口温度	200℃
4	TI1006	甲醇预热器 E104 入口温度	30℃
5	TE101	汽化塔 T101 塔顶出口温度	130℃
6	TE106	汽化塔 T101 塔顶温度	150℃
7	TIC106	汽化塔再沸器 E102 温度控制	170℃
8	PT101	汽化塔 T101 压力	0.70MPa
9	PI102	甲醇预热器粗甲醇入口压力	1.00MPa
10	FIC101	甲醇预热器 E104 入口流量控制	19500kg/h
11	FE102	汽化塔 T101 塔顶出口流量	23501kg/h
12	FIT113	汽化塔塔釜出口流量	6200kg/h
13	LIC101	汽化塔液位	50%

2. 合成段(表 5.2)

表 5.2 合成段

序号	位　号	名　　称	正常情况显示值
1	TE116	开工加热炉 F101 出口温度	25℃
2	TE115	开工加热炉 F101 入口温度	250℃
3	TE108	反应器 R101 塔顶入口温度	250℃
4	TE113	反应器 R101 塔中部入口温度	390℃
5	TIC110	反应器 R101 温度控制	340℃
6	TE114	反应器 R101 塔釜出口温度	345℃
7	PI103	反应器 R101 压力	0.65MPa
8	FE103	反应器 R101 塔顶入口流量	14688kg/h
9	FE104	反应器 R101 中部入口流量	8812kg/h

3. 洗涤段(表5.3)

表5.3 洗涤段

序号	位 号	名 称	正常情况显示值
1	PIC109	洗涤塔T102塔顶出口压力控制	0.6MPa
2	FE105	洗涤塔T102塔顶入口流量	4100kg/h

4. 精馏段(表5.4)

表5.4 精馏段

序号	位 号	名 称	正常情况显示值
1	TE119	精馏塔T103塔顶温度	45℃
2	TE124	回流液温度	40℃
3	TE122	精馏塔提留段温度	80℃
4	TIC123	精馏塔塔釜温度控制	150℃
5	PIC107	精馏塔T103塔顶出口压力控制	0.9MPa
6	FIC106	粗甲醚预热器入口流量控制	28000kg/h
7	FIC107	回流量流量控制	14000kg/h
8	FIC108	产品采出流量控制	12500kg/h
9	FIC105	精馏塔塔釜液采出区T102流量控制	4100kg/h
10	FIC110	精馏塔塔釜液采出区T101流量控制	10500kg/h
11	LIC102	精馏塔液位	50%
12	LIC103	精馏塔回流罐液位	50%

5.3 冷态开车

5.3.1 开车准备

1. 目的

启用公用工程。

2. 操作步骤

开粗甲醚冷却器E105冷却水入口阀V1101；

开粗甲醚储罐V102的冷却器入口阀V1103；

开精馏塔冷却器E107冷却水阀V1146；

开吸收液冷却器E114冷却水阀V1147。

5.3.2 汽化塔开车

1. 目的

开启汽化塔，使原料甲醇得以汽化成蒸气，为反应器提供合适的反应原料。

2. 流程

原料甲醇来自甲醇合成工序粗甲醇中间罐区，经甲醇进料泵(P101A/B)加压、甲醇预热器(E104)预热后进入甲醇汽化塔(T101)进行汽化。从T101出来的汽化甲醇经气体换热器(E103)换热后分两股进入反应器(R101)：第一股过热到反应温度，从顶部进入反应器，第二股稍过热后作为冷激气从第二段催化剂床层的上部进入反应器(R101)。

3. 操作步骤

(1) 打开整个合成工段的部分阀门，保证回路通顺：

打开甲醇进料调节阀前阀VD1014；

打开甲醇进料调节阀后阀VD1015；

打开反应器入口阀VD1055；

打开反应器出口阀VD1054；

打开开工电炉F101的进料阀V1050。

(2) 开启原料泵进料：

打开泵P101A的前阀VD1001；

启动泵P101A；

打开泵的后阀VD1002；

缓慢开启调节阀FV101，即FIC101。

(3) 待汽化塔釜出现液位后(50%左右)，打开汽化塔再沸器进口阀VD1090、VD1091；逐渐开启调节阀TV106，一定要控制缓慢增加开度。

(4) 换热器E103排污。甲醇被大量汽化后，由于会有部分蒸气在前期冷凝，故需打开E103出口底部排污阀VD1030，排除甲醇冷凝液。

排除一段时间后，关闭E103出口排污阀。

(5) 启动开工加热炉。启动后，缓慢增加开工加热炉电压，对蒸气进行加热。

(6) 当主要系统指标达到规定值时，将流量调节FIC101、温度调节TIC106装置切换成自动，全塔实现稳定操作。

5.3.3 反应器开车

1. 目的

开启反应器，进行反应。

2. 流程

从T101出来的汽化甲醇经气体换热器(E103)换热后分两股进入反应器(R101)：第一股过热到反应温度，从顶部进入反应器，第二股稍过热后作为冷激气从第二段催化剂床层的上部进入反应器(R101)。从反应器R101出来的反应气体经气体换热器E103、甲醇预热器E104和粗甲醚预热器E111换热，粗甲醚冷凝器E105冷凝后进入粗甲醚储罐V102进行气液分离。液相为粗甲醚，气相为H_2、CO、CH_4、CO_2等不凝性气体和饱和甲醇、二甲醚蒸气。

3. 操作步骤

(1) 甲醇蒸气进入反应器后：

反应器出现液位时，缓慢开启阀门V1057，排除冷凝液；

没有液位时，马上关闭阀门 V1057。

(2) 反应器进口温度达到 220℃左右时，反应开始进行：

反应是放热反应，一旦开始，会生成大量热量，应予以控制；

缓慢降低电炉电压，控制 R101 入口温度 250℃左右。

(3) 当一段床层出口温度为 340~380℃时：

开启甲醇冷激气调节阀的前阀 VD1021；

开启甲醇冷激气调节阀的后阀 VD1022；

打开排污阀 VD1031，排除甲醇液体，当排污阀开始排放蒸汽时，关闭排污阀；

缓慢开启调节阀 TV110。

(4) 当 TE115 与 TE116 的温度比较接近时：

缓慢开启 V1056；

逐渐关闭 V1050；

降低开工加热炉电压；

反应器入口温度不再下降时，停开工加热炉。

(5) 操作稳定后，将温度调节 TIC110 装置切换成自动，设定温度为 340℃。

5.3.4　洗涤塔开车

1. 目的

进行洗涤操作，回收气体中带有的甲醇、二甲醚等有用气体。

2. 流程

反应气体经粗甲醚冷凝器 E105 冷凝后进入粗甲醚储罐 V102 进行气液分离。液相为粗甲醚，气相为 H_2、CO、CH_4、CO_2 等不凝性气体和饱和甲醇、二甲醚蒸气。从粗甲醚储罐(V102)出来的不凝性气体经气体冷却器 E108 冷却后进入洗涤塔(T102)，经洗涤液吸收其中的二甲醚、甲醇后，吸收尾气送燃气系统。吸收用的洗涤液来自精馏塔釜液储罐 V103。

3. 操作步骤

开阀门 V1102，粗二甲醚进入系统；

打开洗涤液调节阀 FV105 的前截止阀 VD1158；

打开洗涤液调节阀 FV105 的后截止阀 VD1159；

打开调节阀 FV105，使釜液一部分通过冷却器 E114 后进入洗涤塔；

开启 PV109 压力调节阀控制洗涤塔压力不超过 0.7MPa。

4. 说明

应当注意，洗涤操作只有在精馏塔开工后，方可正常运行，所以要先将精馏塔正常开车。

5.3.5　精馏塔开车

1. 目的

开启精馏塔，对反应后的物质进行分离，得到浓度符合要求的二甲醚。

2. 流程

从粗甲醚储罐(V102)出来的粗甲醚用精馏塔进料泵(P102A、B)加压并计量后经过粗甲醚预热器(E111)送入精馏塔(T103)。塔顶蒸汽经精馏塔冷凝器(E107)冷凝后收集在精馏塔甲醚回流罐(V104)中。冷凝液一部分作为精馏塔回流液用甲醚回流泵（P103A、B)加压后回流，另一部分作为产品由外管送产品罐区。

从精馏塔(T103)溢流出来的水甲醇釜液经釜液输送泵(P104A、B)增压后，其中一小部分经洗涤液冷却器(E114)冷却后送洗涤塔(T102)作为洗涤液用，其余大部分送入汽化塔(T101)中段。

3. 操作步骤

(1) 待粗甲醚储罐 V102 有 40%左右时，打开精馏段阀门：

打开泵 P102A 的入口阀 VD1070；

打开流量调节阀 FV106 的前截止阀 VD1087；

打开流量调节阀 FV106 的后截止阀 VD1089；

打开甲醚回流罐 V104 的入口阀 VD1118 和 VD1117；

打开精馏塔压力调节阀 PV107 的前后截止阀 VD1102 和 VD1103；

打开甲醚回流泵 P103A 的前阀 VD1110；

打开二甲醚采出调节阀 FV108 的前后截止阀 VD1136 和 VD1137。

(2) 开启精馏塔进料泵 P102A；

逐渐开启泵出口阀 VD1071；

开启调节阀 FV106(开度>40%)，向精馏塔 T103 进料。

(3) 当塔釜液位上升到 40%左右时，打开精馏塔再沸器的蒸汽调节阀 TV122 前截止阀 VD1122、VD1123；

再稍开 TV122 调节阀，给再沸器缓慢加热。

(4) 当塔顶温度明显上升，V104 液位上升约 30%左右时，启动回流泵 P103A，打开出口阀 VD1111。

(5) 手动打开调节阀 FV107，让塔处于全回流状态；产品分析合格，缓慢开启采出流量调节阀 FV108。

(6) 塔顶压力高于规定值时，缓慢开启 PV107；

釜液在储罐中约 30%左右时，打开输送泵 P104A；

打开调节阀 FV110 的前后阀 VD1139、VD1140；

逐渐开启调节阀 FV110，釜液进入汽化塔。

(7) 开启汽化塔釜液位调节阀的前后阀 VD1010、VD1011；

开启调节阀 LV101，液位维持在 50%左右；

开启杂醇采出阀 V1007。

5.3.6 调至平衡

1. 目的

仪表自动控制，实现自动化生产。

2. 操作步骤

FIC101 流量显示稳定后，将其调自动 19500；

LIC101 显示稳定后，调自动显示值为 50；

TIC106 显示稳定后，调自动设定值为 170；
TIC110 显示稳定后，调自动设定值为 340；
当 FIC105 稳定在 4100kg/h 时，将 FIC105 设置为自动；
LIC102 设为自动，设定 LIC102 为 50%；
将 FIC105 设为串级；
当 FIC110 稳定在 10500kg/h 时，将 FIC110 设置为自动；
TIC123 投自动，设定 TIC123 为 150℃；
待精馏塔 T103 压力稳定在 0.90MPa 左右时，将 PIC107 投自动；
设定 PIC107 为 0.90MPa；
当 FIC107 流量稳定在 14000kg/h 后，将其设为自动；
设定 FIC107 为 14000kg/h；
待产品采出稳定在 12500kg/h，将 FIC108 投自动；
设定 FIC108 为 12500kg/h；
将 LIC103 设置为自动；
设定 LIC103 为 50%；
将 FIC108 设置为串级。

5.3.7　操作技巧及注意事项

1. 操作技巧

（1）开车过程中，T101 液位达到 50%左右后再启动再沸器加热。

（2）再沸器要缓慢加热，从 5%开始每次阀门开度增加 5%，防止塔釜液位波动太大。

（3）汽化塔产生气体后，随即打开汽化塔到反应器和反应器到洗涤塔的所有阀门，等待系统压力缓慢上升。

（4）开工加热炉的电压要缓慢升高。

（5）甲醇达到反应温度后，V1056 缓慢增加的同时 V1050 缓慢减小，加热炉电压慢慢调小。

（6）关闭 V1050 后再关闭开工加热炉。

（7）V102 液位超过 30%后再开 P102A 泵。

（8）T101 压力升高后，再缓慢开启阀门 PV107，保证精馏塔压力在 0.9MPa 左右。

（9）精馏塔再沸器，同汽化塔再沸器一样，要缓慢加热。

2. 注意事项

（1）汽化塔和精馏塔的再沸器要在塔釜液位足够高后再启用。

（2）再沸器一定要缓慢开启，防止塔釜液蒸干。

（3）应当注意，洗涤操作只有在精馏塔开工后，方可正常运行，所以要先将精馏塔正常开车。

3. 影响操作质量的因素

（1）精馏塔操作温度不稳定。

（2）反应器温度不稳定。

（3）洗涤塔压力不稳定。

5.4 正常停车

5.4.1 停进料

关闭泵 P101A 后阀 VD1002；
停泵 P101A；
关闭泵 P101A 前阀 VD1001；
关闭粗甲醇进口调节阀 FV101；
关闭粗甲醇进口调节阀前阀 VD1014；
关闭粗甲醇进口调节阀后阀 VD1015；
手动调低粗二甲醚进料阀 FV106，使进料降至正常进料量的 70%；
断开 LIC103 和 FIC108 的串级，手动调节 FIC108，使液位 LIC103 降至 20%，液位 LIC103 降至 20%；
断开 LIC102 和 FIC105 的串级，手动调节 FIC105，使液位 LIC102 降至 30%，液位 LIC102 降至 30%；
关闭洗涤塔洗涤液进料调节阀 FV105；
关闭 FV105 前截止阀 VD1158；
关闭 FV105 后截止阀 VD1159。

5.4.2 停反应系统

关闭汽化塔再沸器中压蒸汽进口调节阀 TV106；
关闭再沸器中压蒸汽进口调节阀前阀 VD1090；
关闭再沸器中压蒸汽进口调节阀后阀 VD1091；
关闭侧线采出阀 V1007；
关闭阀门 V1056；
关闭阀门 VD1055；
关闭甲醇冷激气流量调节阀 TV110；
关闭甲醇冷激气流量调节阀前阀 VD1021；
关闭甲醇冷激气流量调节阀后阀 VD1022；
待汽化塔液位为 0 时，关闭流量调节阀 LV101；
打开汽化塔泄压阀 VD1023；
压力降为常压时，关闭 VD1023；
关闭流量调节阀前阀 VD1010；
关闭流量调节阀后阀 VD1011。

5.4.3 停精馏塔

停精馏塔进料，关闭调节阀 FV106；

关闭 FV106 前截止阀 VD1087；
关闭 FV106 后截止阀 VD1089；
关闭泵 P102A 出口阀 VD1071；
停泵 P102A；
关闭泵 P102A 入口阀 VD1070；
关闭阀门 V1102，停止反应器向系统供料；
关闭调节阀 TV122；
关闭 TV122 前截止阀 VD1122；
关闭 TV122 后截止阀 VD1123；
停止产品采出，手动关闭 FV108；
关闭 FV108 前截止阀 VD1136；
关闭 FV108 后截止阀 VD1137；
关闭汽化塔进料调节阀 FV110；
关闭 FV110 前截止阀 VD1139；
关闭 FV110 后截止阀 VD1140；
关闭泵 P104A 出口阀 VD1143；
停泵 P104A；
关闭泵 P104A 入口阀 VD1142；
打开塔釜泄液阀 V1143，排出不合格产品；
手动开大 FV107，将回流罐内液体全部打入精馏塔，以降低塔内温度；
当回流罐液位降至<5%时，停回流，关闭调节阀 FV107；
关闭 FV107 前截止阀 VD1117；
关闭 FV107 后截止阀 VD1118；
关闭泵 P103A 出口阀 VD1111；
停泵 P103A；
关闭泵 P103A 入口阀 VD1110。

5.4.4　降压，降温

精馏塔塔内液体排完后，手动开大 PV107 进行降压；
当塔压降至常压后，关闭 PV107；
关闭 PV107 前截止阀 VD1102；
关闭 PV107 后截止阀 VD1103；
开大 PV109 对洗涤塔进行降压；
当洗涤塔塔压降至常压后，关闭 PV109；
当精馏塔釜液位降至 0 时，关闭泄液阀 V1143；
关冷凝器冷凝水进口阀 V1101；
关 V1103；
关 V1146；
关 V1147。

5.5 事故处理

5.5.1 P101A 故障

1. 事故现象

汽化塔甲醇进料量过小。

2. 处理方法

启动备用泵。

5.5.2 汽化塔液位过高

1. 事故现象

塔釜液位持续上升。

2. 处理方法

(1) 加大蒸汽量。

(2) 打开釜液排放阀的旁路阀，加大排放量。

5.5.3 精馏塔压力超高

1. 事故现象

塔顶压力高于规定值。

2. 处理方法

(1) 增大压力调节阀 PV107 开度。

(2) 增大冷却水量。

(3) 减少加热蒸汽量。

5.5.4 反应器飞温

1. 事故现象

开车阶段，反应器床层温度持续升高。

2. 处理方法

(1) 控制甲醇进料温度。

(2) 调整冷激甲醇量。

5.5.5 回流罐液位过高

1. 事故现象

回流罐内液位超过 50%。

2. 处理方法

(1) 启动备用泵。

(2) 增加阀门开度。

5.5.6 回流量调节阀卡

1. 事故现象

回流量减少，塔顶温度升高。

2. 处理方法

打开旁路阀。

5.6　仿真系统画面

仿真系统画面如图 5.1~图 5.9 所示。

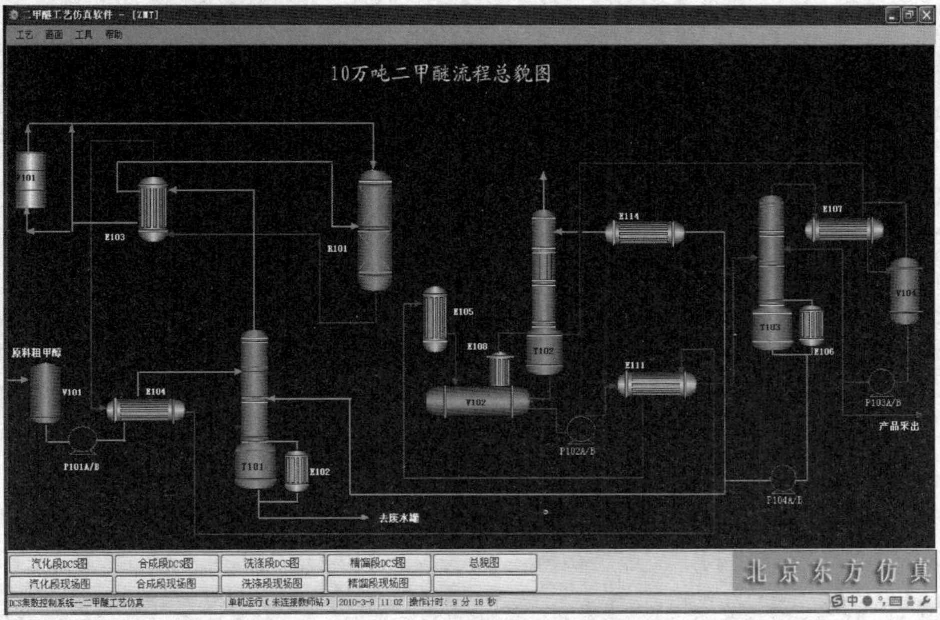

图 5.1　仿真界面总貌图

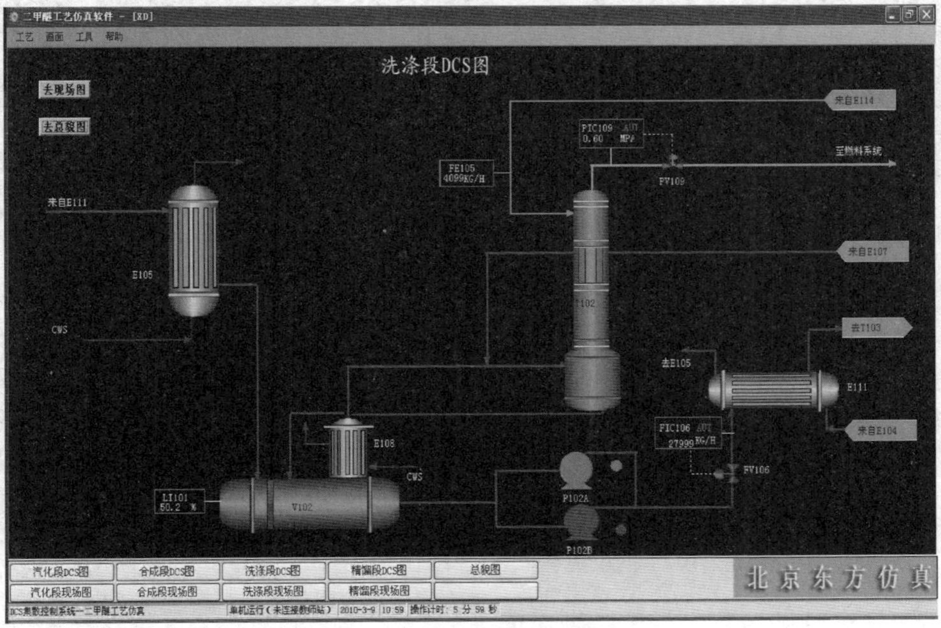

图 5.2　洗涤段 DCS 图

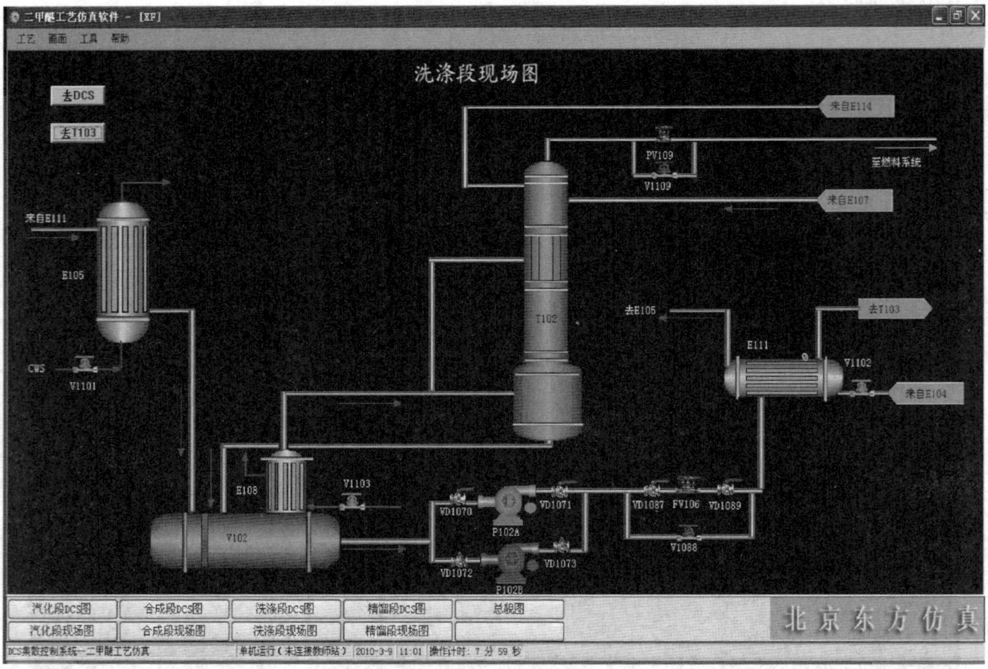

图 5.3　洗涤段现场图

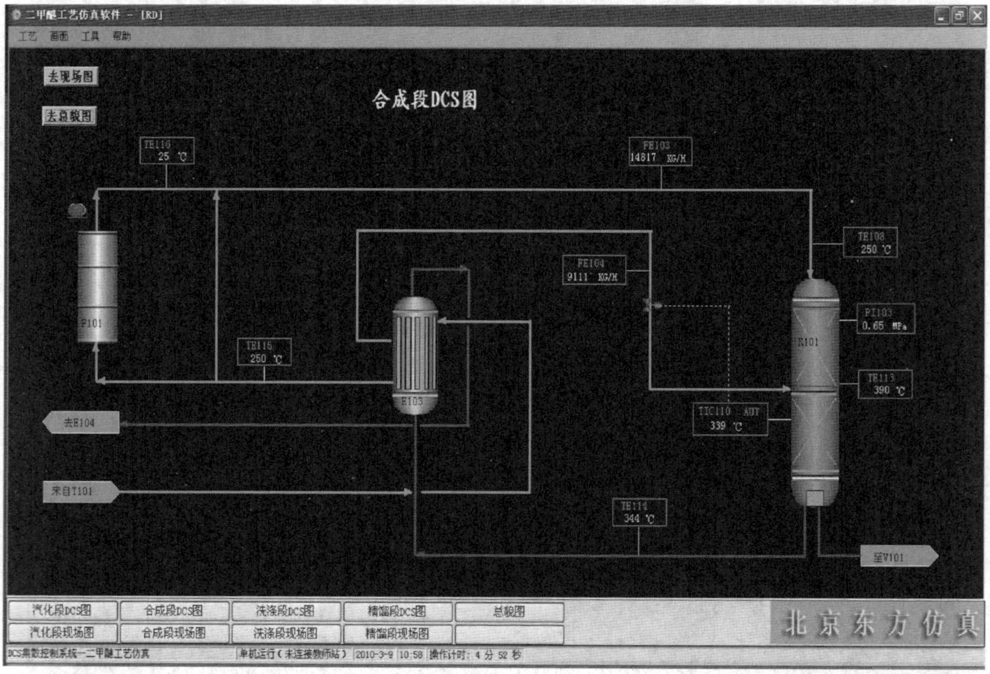

图 5.4　合成段 DCS 图

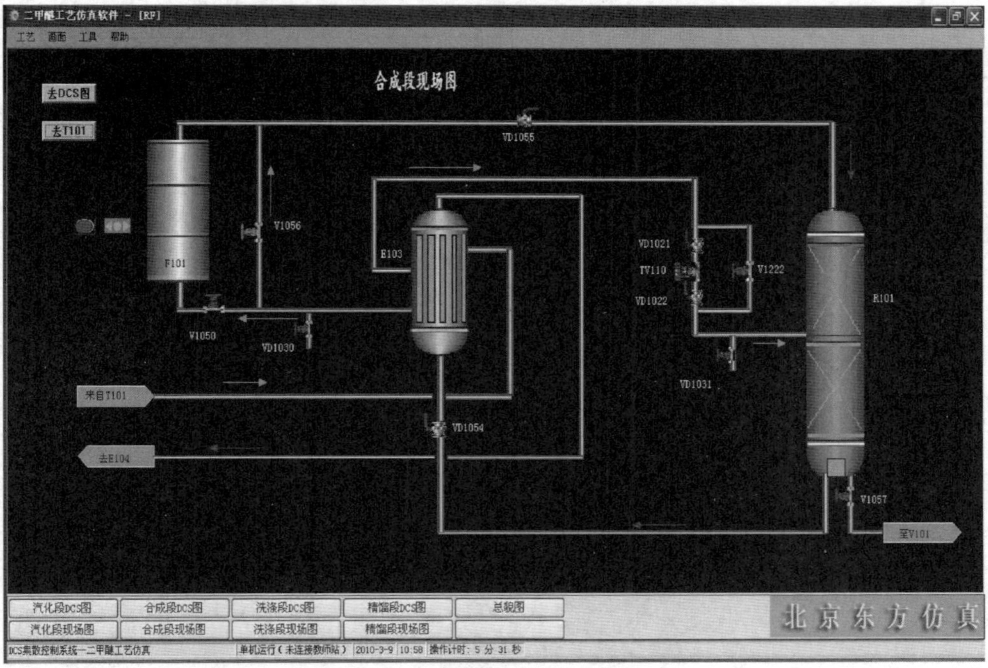

图 5.5　合成段现场图

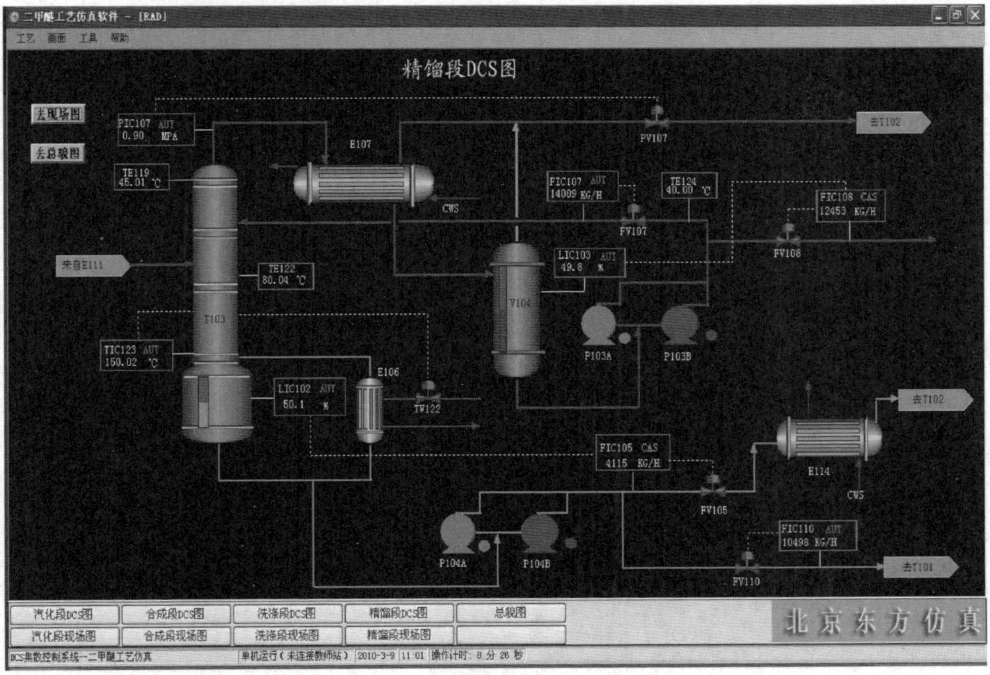

图 5.6　精馏段 DCS 图

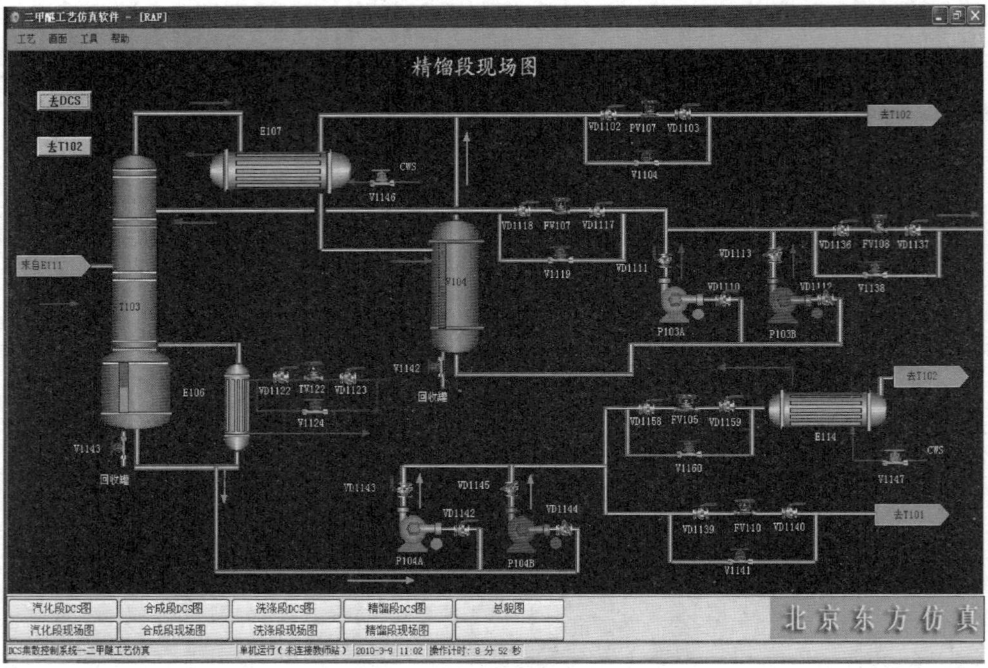

图 5.7　精馏段现场图

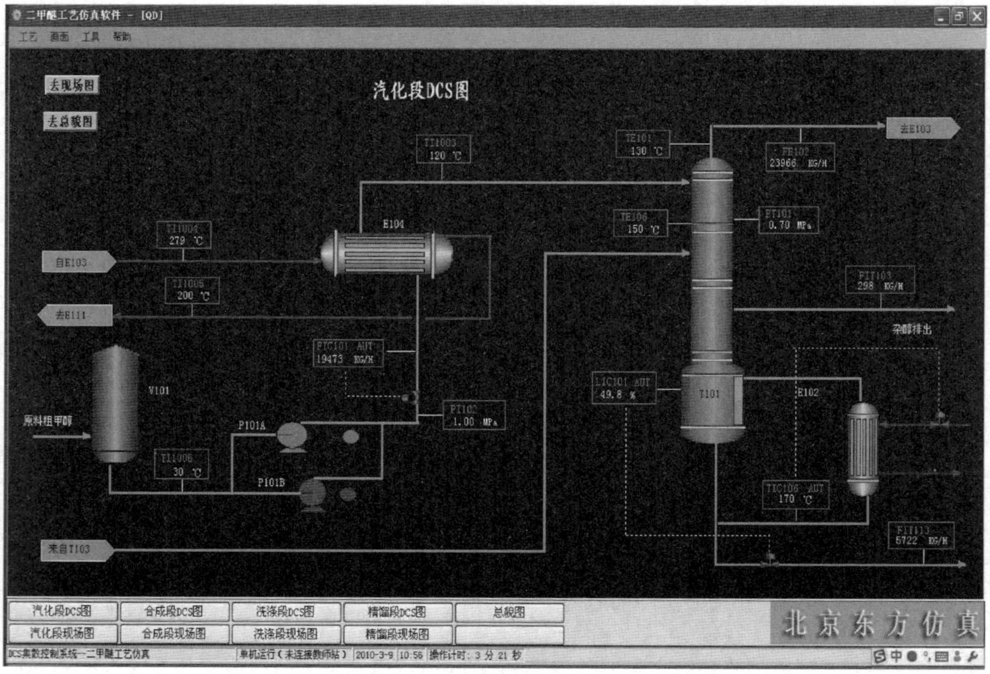

图 5.8　汽化段 DCS 图

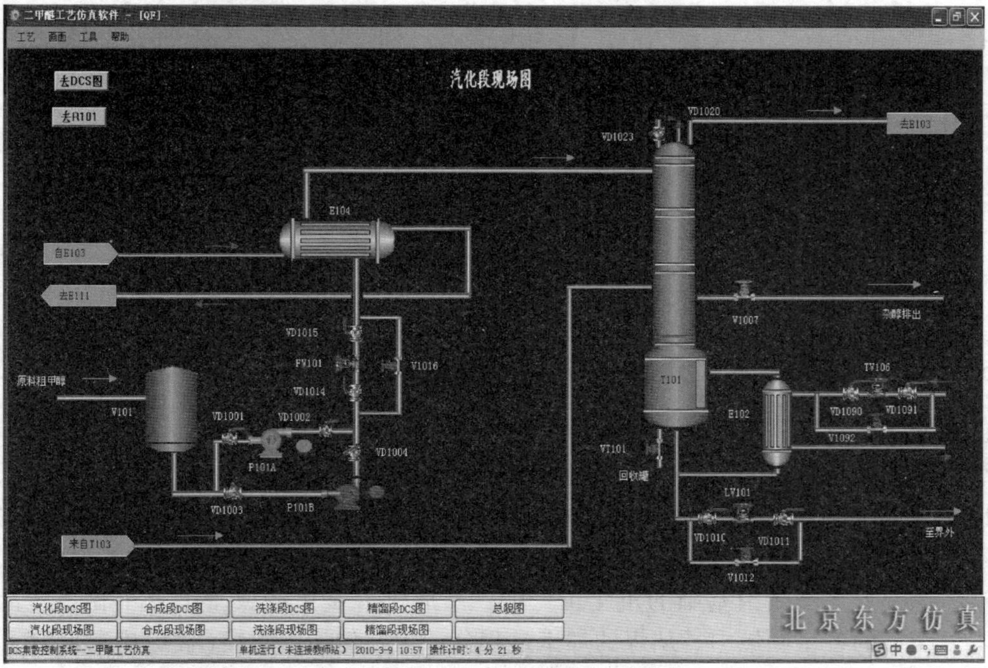
二甲醚工艺仿真软件 - [QF]
工艺 画面 工具 帮助
去DCS图
去R101
汽化段现场图
VD1020
去E103
VD1023
E104
自E103
去E111
V1007
粗醇排出
VD1015
FV101
V1016
VD1014
原料粗甲醇
V101
VD1001
VD1002
VD1004
P101A
VD1003
P101B
来自T103
T101
E102
TV106
VD1090
VD1091
V1092
VT101
回收罐
LV101
VD1010
VD1011
至界外
V1012
汽化段DCS图
合成段DCS图
洗涤段DCS图
精馏段DCS图
总貌图
汽化段现场图
合成段现场图
洗涤段现场图
精馏段现场图
北京东方仿真
DCS集散控制系统--二甲醚工艺仿真
单机运行（未连接教师站）
2010-3-9
10:57
操作计时：4 分 21 秒
图 5.9 汽化段现场图

第6章　加压气化工艺

6.1 工艺概述

6.1.1　煤化工技术简介

1. 煤化工简介

煤化学工业是以煤为原料，经过化学加工使煤转化为气体、液体、固体燃料以及化学品以实现煤综合利用的工业，简称煤化工。煤化工包括炼焦化学工业、煤气化工业、煤制石油工业、煤制化学品工业以及煤加工制品工业等。具体来说，就是生产氢、氨、醇、油、燃气五大产品为基础的重化工产业，然后进一步生产成千上万个化工产品，应用到国民经济的各个领域中。从煤的加工过程分，主要包括：干馏(含炼焦和低温干馏)，气化，液化和合成化学品等。煤化工利用生产技术中，炼焦是应用最早的工艺，并且至今仍然是化学工业的重要组成部分。煤的气化在煤化工中占有重要地位，用于生产各种气体燃料，是洁净的能源，有利于提高人民生活水平和环境保护；煤气化生产的合成气是合成液体燃料等多种产品的原料。煤直接液化，即煤高压加氢液化，可以生产人造石油和化学产品。在石油短缺时，煤的液化产品将替代目前的天然石油。因此，煤化工是我国发展经济的支柱之一。

2. 煤气化概述

煤气化技术是煤化工产业发展很重要的单元技术，煤气化技术不仅是煤炭间接液化过程中制取合成气的先导技术，也是煤炭直接液化过程中制取氢气的主要途径。煤炭经过气化、煤气除尘、脱硫、脱碳、CO 变换等环节，可以得到不同 C/H 比的合成气。煤气化技术已广泛应用于化工、冶金、机械、建材等工业行业和城市煤气等领域。

煤气化是一个热化学过程，是指煤在特定的设备内，在一定温度及压力下使煤中的有机质与气化剂(水蒸气、空气、氧气、氢气等)发生一系列的化学反应，将固体煤转化为以CO、H_2、CH_4等可燃气体为主要成分的生产过程。煤炭气化时，必须具备三个条件，即气化炉、气化剂、热量供给，三者缺一不可。

不同的气化工艺对原料的性质要求不同，因此在选择煤气化工艺时，考虑气化用煤的特性及其影响极为重要。气化用煤的性质主要包括煤的反应性、粘结性、煤灰熔融性、结渣性、热稳定性、机械强度、粒度组成以及水分、灰分和硫分含量等。

煤炭气化技术具有悠久的历史，目前正在应用和开发的煤气化炉有许多类型，气化方法的分类也有多种，主要可按压力、气化剂、气化过程、供热方式等分类。

煤气化技术虽有很多种不同的分类方法，但一般常用按生产装置化学工程特征分类方法进行分类，或称为按照反应器形式分类。气化工艺在很大程度上影响煤化工产品的成本和效率，采用高效、低耗、无污染的煤气化工艺是发展煤化工的重要前提，其中反应器便是工艺的核心，可以说气化工艺的发展是随着反应器的发展而发展的。为了提高煤气化的气化率和气化炉气化强度，改善环境，新一代煤气化技术开发的总方向是气化压力由常压向中高压(8.5MPa)发展，气化温度向高温(1500~1600℃)发展，气化原料向多样化发展，固态排渣向液态排渣发展。

6.1.2 加压气化工艺

1. 加压气化简述

煤的气化过程是一个复杂多相物理化学反应过程。主要是煤中的碳与气化剂、气化剂与生成物、生成物与生成物及碳与生成物之间的反应。煤气的成分决定于原料种类、气化剂种类及制气过程的条件。

制气过程的条件主要决定于气化炉的构造和原料煤的物理化学性质。其中煤的灰熔点和粘结性是气化用煤的重要指标。

提高压力的气化方法可以大幅度提高气化炉的生产能力，并能改善煤气的质量。本装置采用的移动床加压气化是碎煤加压逆流接触、连续气化、固态排渣工艺过程。

碎煤加压气化是移动床逆流工艺过程，在炉的纵剖面上可分为五个区：灰床、燃烧层、气化层、干馏层、干燥和预热层。

(1) 灰床

4.53 MPa、435℃的过热蒸汽和夹套自产蒸汽与4.65 MPa、110℃的氧气混合后，约350℃进入气化炉炉箅，经灰床分布、与灰渣换热，灰渣由1000~1100℃被冷却到450℃左右，排入灰锁。气化剂被加热后上升到燃烧层。

(2) 燃烧层

在燃烧层进行下列主要反应：

a. $C+O_2 = CO_2+4.18\times97kJ/mol$

b. $C+1/2O_2 = CO+4.18\times29.4\ kJ/mol$

在燃烧层，煤与O_2的反应，反应a是控制反应。

上述两反应放出大量的热，上升的气化剂被加热到800~1000℃，下降的灰渣的温度接近1000℃。

(3) 气化层

来自燃烧区的上升气体主要含有CO_2和水蒸气，在气化区约850℃的平均温度下进行以下反应：

c. $C+H_2O = CO+H_2-4.18\times28.3kJ/mol$

d. $C+2H_2O = CO_2+2H_2-4.18\times18.5kJ/mol$

e. $CO+H_2O = CO_2+H_2+4.18\times9.80kJ/mol$

f. $C+CO_2 = 2CO-4.18\times38.3kJ/mol$

g. $CO_2+4H_2 \longrightarrow CH_4+2H_2O+4.18\times20.9kJ/mol$

h. $CO+3H_2 = CH_4+H_2O+4.18\times49.3kJ/mol$

气化区的控制反应是c，甲烷化反应g和反应f对离开气化区的煤气组成影响较小。反应d、e、h对煤气组成的影响更小，对于活性差的煤，其影响可忽略不计。

(4) 干馏层

在干馏层，煤被上升煤气加热到300~600℃时，煤开始软化，焦油和少量的H_2、CO_2、CO、H_2S、NH_3从煤气中分解出来。350~550℃ C_4和C_2^+以上的烃类从煤中逸出，在干馏层，酚、吡啶、萘等有机物也形成并分解出来。干馏过程是吸热过程，热量来自燃烧层。

(5) 干燥和预热层

由煤锁加入到气化炉的煤在干燥和预热层被干燥并加热至约300℃。此时煤的表面水分和吸附水被蒸发。

2. 加压气化的影响因素

加压气化中，影响气化的因素有原料的物理化学性质、气化炉结构及炉内操作条件。操作条件对气化过程的主要影响因素为气化压力、气化温度及汽氧比。

(1) 气化压力

压力对煤气组成的影响：甲烷和CO_2含量随压力提高而增加，CO和H_2含量随压力提高而减少。

压力对煤气产率的影响：随着压力升高，煤气产率下降。

压力对气化炉生产能力的影响：在相同温度下提高气化压力生产能力提高。

压力对氧气和蒸汽消耗量的影响：随压力升高，氧气消耗量下降而蒸汽耗量增加。

(2) 气化温度

气化温度主要决定于燃烧区温度，而燃烧区温度的确定，取决于煤的灰熔点。加入的水蒸气，小部分参加气化反应，大部分作为热载体来调节温度，灰熔点高，可减少水蒸气用量，从而减少煤气水的处理量。燃烧区温度主要通过观察灰的粒度和含碳量来调节汽氧比(H_2O/O_2)以达到最佳控制。

气化温度对煤气组成影响很大，随气化温度的升高，H_2和CO含量升高，CO_2和CH_4含量降低。

气化温度的选择还与煤种和气化压力密切相关。气化变质程度深的煤应有较高的反应温度。对于固态排渣气化方式，气化温度的选择往往取决于灰熔点温度，气化温度必须低于灰熔点温度。

(3) 汽氧比

对于加压气化，汽氧比是一个重要的操作参数，在气化过程中煤气组成，随着汽氧比的变化而变化，同一煤种，汽氧比有一个变动范围。改变汽氧比即可调整控制气化过程的温度，在固态排渣炉中，首先保证燃烧过程灰不熔融成渣，同时保证气化反应在尽可能高的温度下进行。

3. 加压气化工艺流程

在碎煤加压气化炉中，煤与气化剂在4.1MPa压力下，逆流接触进行气化反应。碎煤加压气化装置包括带内件(波斯曼套筒、炉箅)的加压气化炉[10(A~H)-C001、11(A~H)-C001]和供煤的煤锁、排灰的灰锁，它们直接附置在炉体上。此工艺包括10、11两个系列，各8台(A~H)气化炉。煤锁气和开车煤气部分每个系列各两套，10A装置对应10(A~D)4台气化炉，10B装置对应10(E~H)4台气化炉，11A装置对应11(A~D)4台气化炉，11B装置对应11(E~H)4台气化炉。

由备煤装置送来的经筛分后13~50mm的合格碎煤由输煤皮带供到气化炉煤仓(B003)

中，经过煤溜槽 B002 进入煤锁 B001，煤锁在常压下加满煤后，关闭上阀，由来自煤气冷却装置的粗煤气(37℃、3.74MPa)充压至 3.74MPa，然后再由气化炉顶部的粗煤气充压至与气化炉压力平衡，打开煤锁下阀，煤加入气化炉 C001 内。当煤锁中的煤全部加入气化炉后，由于气化炉内热流的上升，使煤锁内的温度升高。当煤锁温度大于 50℃时关闭煤锁下阀，煤锁泄压至常压。煤锁再次加煤，由此构成了间歇加煤循环。进入气化炉内的煤依次经过干燥预热层、干馏层、气化层、燃烧层、灰层，与气化炉底部上来的气化剂反应，反应形成的灰渣经转动的炉箅排入灰锁 B004。当灰锁积满灰后，关闭灰锁上阀，通过灰锁膨胀冷凝器 B007 将灰锁泄至常压，打开灰锁下阀将灰排入灰渣沟，灰渣由来自气化排渣装置的循环灰水冲至气化排渣装置渣池。

气化炉内产生的粗煤气(225℃、4.06MPa)进入洗涤冷却器 B006 被来自煤气水分离装置 P001 泵的高压喷射煤气水洗涤、除尘、降温，粗煤气(211℃、4.0MPa、38755Nm^3/h)和煤气水一起进入废热锅炉 W001 底部集水槽，进入集水槽中的粗煤气进入废热锅炉 W001 管程经废热锅炉 W001 壳程内的低压锅炉给水进一步冷却。然后粗煤气(181℃、3.91MPa、38755Nm^3/h)经粗煤气分离器 F002 进行气液分离后进入粗煤气总管送至变换冷却装置。

进入集水槽中的煤气水(181℃)由循环冷却洗涤水泵 P002 打至洗涤冷却器 B006，在此过程中循环冷却洗涤水泵 P002 以 200m^3/h 煤气水量打循环，多余的煤气水经过液位调节阀 LICA10A033 排至煤气水分离装置。

由除氧站装置高压锅炉给水进入气化炉夹套降液管顶部，通过降液管进入气化炉夹套底部，气化炉夹套产生的中压蒸汽进入夹套气液分离器 F001，分离后的中压蒸汽(250℃、4.10MPa)进入气化剂管线。

由废热锅炉 W001 壳程内的低压锅炉给水经与粗煤气换热后产生低压蒸汽(158℃、0.5MPa、24t/h)送至低压蒸汽总管。

在煤锁泄压循环期间，煤锁气(37℃、0.001MPa，流量 1203.5Nm^3/h，最大值短时可达 12500Nm^3/h)收集到煤锁气气柜中。在气柜上游，煤锁气在煤锁气洗涤器 B008 内由来自煤锁气分离器 F004 底部的煤锁气洗涤泵 P004A(R)供给的低压喷射煤气水进行洗涤，不足的煤气水用来自煤气水分离装置的低压煤气水补充，洗涤后的煤锁气经煤锁气分离器 F004 进入煤锁气气柜。

气化装置在开、停车和事故操作期间产生的开车煤气含有杂质和冷凝液(煤气水)，首先在开车煤气洗涤器 B010 中用来自开车煤气分离器 F005 底部的开车煤气洗涤泵 P005 打来的煤气水进行循环洗涤。洗涤后的开、停车或事故煤气进入开车煤气分离器 F005 分离煤气水后进入火炬气气液分离器 B011 进行气液分离，然后通过火炬筒，在火炬头部，用导燃器点火燃烧。燃料气来自燃料气管网，供长明灯连续使用。火炬采用分子封作为火焰挡板，并连续不断地向火炬筒注入氮气，防止回火。需要注意的是，当煤气中的 O_2 含量大于 0.4% 时，热火炬不能点火。

开车煤气分离器 F005 底部煤气水不足时，由火炬气气液分离器底部的火炬冷凝液和来自煤气水分离装置的低压煤气水来补充。

开车煤气分离器 F005 和火炬气气液分离器 B011 底部过量的煤气水，用煤锁气洗涤泵 P005 和开车煤气洗涤泵 P006 送回煤气水分离装置。

碎煤加压气化属于自热式工艺，所需热量由煤的部分燃烧提供。

6.1.3 工艺仿真范围

由于本仿真系统主要以仿 DCS 操作为主，因而，在不影响操作的前提下，对一些不很重要的现场操作进行简化，简化的主要内容为：不重要的间歇操作，部分现场手阀、现场盲板拆装，现场分析及现场临时管线拆装等。另外，根据实际操作需要，对一些重要的现场操作也进行了模拟，并根据 DCS 画面设计一些现场图，在此操作画面上进行部分重要现场阀的开关和泵的启动停止。对 DCS 的模拟，以化工厂提供的 DCS 画面和操作规程为依据，并对重要回路和关键设备在现场图上进行补充。

本仿真以 10 系列的 A 气化炉、A 煤锁气处理装置和 A 开车煤气处理装置为例进行模拟。总图如图 6.1 所示。

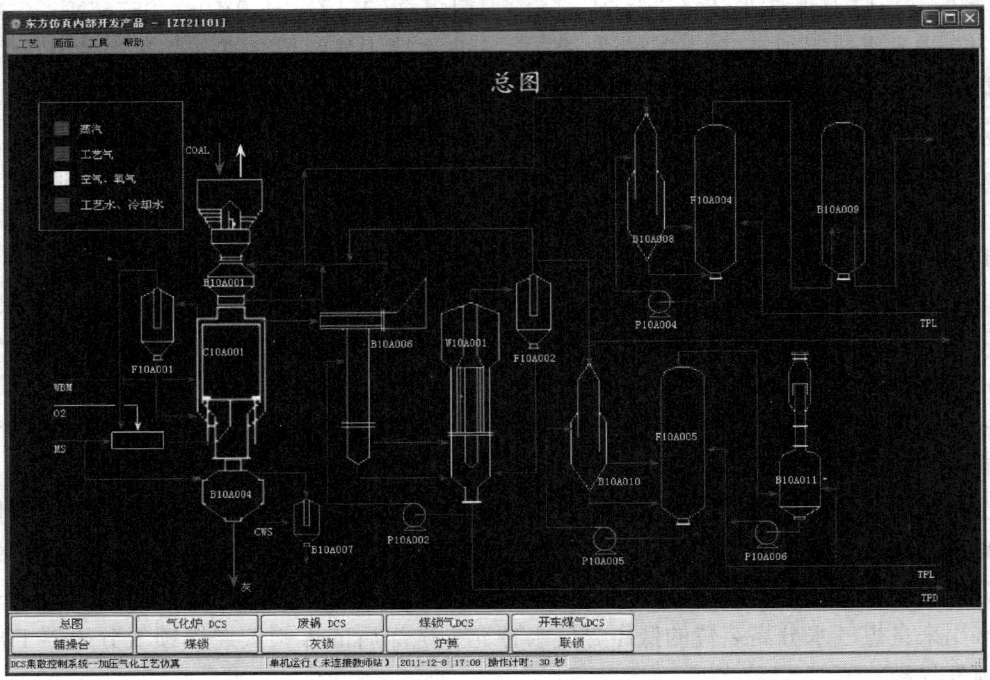

图 6.1 总图

6.2 设备概述

6.2.1 设备(表 6.1)

表 6.1 设备

序号	位号	描 述
1	C10A001	气化炉
2	B10A001	煤锁

续表

序号	位号	描　述
3	B10A002	煤镏槽
4	B10A003	煤斗
5	B10A004	灰锁
6	B10A006	洗涤冷却器
7	B10A007	灰锁膨胀冷凝器
8	B10A008	煤锁气洗涤器
9	B10A009	煤锁气气柜
10	B10A010	开车煤气洗涤器
11	B10A011	火炬气气液分离器
12	B10A012	火炬导燃器和火炬筒
13	F10A001	夹套气液分离器
14	F10A002	粗煤气气液分离器
15	F10A003	煤尘旋风分离器
16	F10A004	煤锁气分离器
17	F10A005	开车煤气分离器
18	V10A001	煤锁引射器
19	P10A002	洗涤冷却循环水泵
20	P10A004A/R	煤锁气洗涤泵
21	P10A005	开车煤气洗涤泵
22	P10A006	火炬冷凝液泵
23	W10A001	废热锅炉

6.2.2　设备简介

1. 煤斗(B003)

筛分过的煤，由煤斗经给料溜槽(B002)进到煤锁，煤斗容积 200m^3。其储量可满足气化炉在正常负荷下操作约 3h。

2. 煤锁(B001)

煤锁是一个容积约 18.7m^{3}的压力容器，可以定期将煤加入气化炉。煤锁上下阀及充泄压阀门均为液压控制。煤锁的操作可由就地、遥控、半自动、全自动四种操作方式来实现。

煤锁要从常压增至与气化炉压力相等，以使煤能周期性地加至气化炉中。正常情况下的全自动操作包括以下步骤：

(1) 煤锁显示空，依煤锁下部的温度计上升而显示，初时底锥附近温度大约为 50℃。

(2) 关闭煤锁下阀，煤锁开始泄压，煤锁气将收集到煤锁气柜(B009)中(在入气柜之前经过洗涤器 B008 和分离器 F004)。

(3) 当煤锁泄完压之后，打开上阀。

(4) 打开供煤溜槽圆筒阀煤靠自重流入煤锁。通过煤锁引射器 V001 抽取煤锁尾气，经煤尘旋风分离器 F003 排出。

(5) 煤锁满后，先关闭供煤溜槽圆筒阀，再关闭煤锁上阀。

(6) 煤锁首先用来自煤气冷却工段的粗煤气，充压到大约 3650kPa，然后用来自气化炉顶部的粗煤气充压以达到与炉压平衡。

(7) 煤锁加压到气化炉的压力平衡时，打开煤锁下阀，煤加到气化炉内。每个加煤循环大约需要 10~12min。

当气化炉顶部法兰温度超过 240℃时，气化炉将联锁停车，这种情况一般发生在加煤故障时。此时，气化炉应在煤锁法兰温度达到停车温度之前手动停车。

3. 气化炉(C001)

气化炉是一个双壁容器，外壁按 4.6MPa 压力设计，内壁最大仅能承受 0.15MPa 外压。

夹套内中压锅炉给水保持一定液位，以冷却气化炉炉壁。气化炉运行期间，部分热量由燃料层传至夹套，产生一定量的夹套蒸汽，经蒸汽气液分离器(F001)分离夹带液滴后进入气化剂系统，与外供蒸汽混合进入气化炉内。

炉内的波斯曼套筒的作用是：储存煤锁加入炉内的冷煤；限定炉内的煤层移动方向；外部是煤气的聚集空间，防止粉煤被直接带出，将煤气引至出口。

气化剂(界区来的氧气经预热器加热至 110℃)经由旋转炉箅进入气化炉灰层及燃烧层。

炉箅由两个同步的变频电机驱动。

炉箅有下列作用：

(1) 在气化炉横截面上分布气化剂；

(2) 排灰、破碎大块灰渣以免堵塞炉箅下部小灰室空间；

(3) 使整个床层移动。

炉箅的出灰能力取决于装在其下面的刮刀数和炉箅转速。

炉箅连续运行，仅在灰锁循环开始时才短暂停止。

进入气化炉的气化剂依次通过灰床、燃烧层、气化层、干馏层、干燥和预热层。反应生成物煤气出气化炉温度约 225℃，其主要组分 CO、H_2、CO_2、CH_4 和未分解的水蒸气并含有少量的 C_nH_m、N_2、硫化物(大部分为 H_2S)、焦油、石脑油、酚、脂肪酸和氨奈等杂物。

4. 灰锁(B004)

灰锁是一个全容积约 13.2m^3的压力容器(有效容积 60%~70%)，用液压控制上、下阀及充泄压阀和充水阀。

灰锁与膨胀冷凝器相连为灰锁系统的一个整体。

灰锁连续不断接收气化炉旋转炉箅排出的灰，正常工况下与气化炉相通，压力相等，排灰时灰锁泄压至常压。其操作可以现场手动、遥控手动、半自动、全自动操作。灰锁的循环包括下列步骤：

(1) 灰锁、膨胀冷凝器，充压至与气化炉的压力相等时，打开灰锁上阀，接受炉箅排出的灰；

(2) 灰锁的料位检测，通过射线料位计，或者是计炉箅转数的方法控制，当灰量达设定时，灰锁上阀关闭；

(3) 灰锁上阀关闭后重新启动炉箅；灰渣暂时存入炉箅下面的下灰室；

(4) 打开灰锁膨胀冷凝器泄压一阀，灰锁开始泄压。灰蒸汽进入充满水的膨胀冷凝器并冷凝，灰锁压力降低；

(5) 灰锁泄至稍高于常压时，打开冷凝器底部泄压二阀，排空冷凝器；

(6) 打开灰锁下阀，灰经由灰溜槽排入水力排渣沟；

(7) 在灰锁排灰期间，关闭膨胀器泄压二阀，膨胀冷凝器重新注水；

(8) 关闭灰锁下阀，用过热中压蒸汽给灰锁充压，直到与气化炉压力平衡；

(9) 打开灰锁上阀，气化炉向灰锁排灰。

灰锁每小时循环次数，取决于气化炉的负荷和煤中灰含量。

5. 洗涤冷却器(B006)

粗煤气在225℃左右离开气化炉进入洗涤冷却器，粗煤气用高压喷射煤气水和循环煤气水洗涤冷却。

煤气被蒸汽饱和并冷却到181℃，洗涤出的煤尘和冷凝的焦油随煤气水带入废热锅炉集水槽。

循环泵(P002，循环量200m^3/h)在废热锅炉集水槽和洗涤冷却器间循环。

高压喷射煤气水不断地补入洗涤冷却器中，以保持废热锅炉集水槽的液位。

6. 废热锅炉(W001)

在废热锅炉中煤气由气化炉出口温度冷却至181℃，粗煤气在废热锅炉集水槽上部进入并通过一束垂直列管。由此回收煤气中显热以生产0.6MPa的低压蒸汽。

煤气从顶部离开废热锅炉通过气液分离器(F002)分离出煤气水，分离出的煤气水返回废热锅炉底部集水槽。

离开分离器的煤气经粗煤气总管进入变换工号。

从废热锅炉排出的含尘煤气水送至煤气水分离装置。

7. 火炬(B008)

在气化炉开车过程中，蒸汽升温期间的放空气、空气运行期间生成的含有O_2的煤气须通过冷火炬放空。冷火炬包括一个气液分离罐和超出气化厂房的烟囱。冷火炬为八台气化炉共用。

八台气化炉共用一个开工火炬，其主要用途是接受以下状况下的粗煤气并燃烧。

① 空气点火后氧含量合格的粗煤气；

② 氧气运行未并网前的粗煤气；

③ 因下游装置原因，如后续工号不具备接受条件，气化炉正常运行中需切至火炬时的粗煤气；

④ 气化炉运行中故障，粗煤气中氧含量超过0.4%，但小于1.0%的粗煤气；

⑤ 气化炉开车期间放空的煤锁气及煤锁气压缩机系统故障时的放空煤锁气；

⑥ 煤气水分离工段不送往硫回收装置时的膨胀气。

在开、停车和事故操作期间，来自加压气化的煤气或煤锁气进入火炬系统。这些粗煤气含有杂质和冷凝液(煤气水)，首先在开车煤气洗涤器B010用来自开车煤气分离器的煤气水洗涤(开车煤气洗涤水泵P005循环洗涤)。

开车煤气分离器F005和火炬气液分离器B011所用的低压喷射煤气水，均来自煤气水分离工段，过量的煤气水将用泵P005和P006送回煤气水分离工段。

洗涤后的煤气经气液分离罐送至开工火炬，通过火炬筒，在火炬头部，用导燃器点火燃烧。供长明灯连续使用的燃料气来自燃料气管网。

6.3 自控及仪表

6.3.1 控制仪表(表 6.2)

表 6.2 控制仪表

序号	位号	单位	正常值	描　述
1	TRCA10A021	℃	340	灰锁
2	TRCA10A029	℃	225	气化炉出口煤气
3	PRC10A010	MPaG	4.06	粗煤气
4	PIC10A035	MPaG	0~3.89	开车煤气压力
5	FFRC10A002	Nm^3/h	5232	入炉氧气流量比值
6	FIC10A004	Nm^3/h	0	入炉空气流量
7	FFRC10A007	kg/h	36043	入炉蒸汽流量比值
8	LICA10A006	%	50	气化炉夹套液位
9	LICA10A031	%	50	废锅壳侧液位
10	LICA10A033	%	50	废锅底部液位
11	LICA10A041	%	50	开车煤气分离器
12	LICA10A042	%	50	火炬气液分离器
13	LICA10A051	%	50	煤锁气分离器
14	YIC10A011		7.0	汽氧比设定值
15	SICA10A011	r/h	12	炉算转速

6.3.2 显示仪表(表 6.3)

表 6.3 显示仪表

序号	位号	单位	正常值	描　述
1	TI10A002	℃	110	进气化炉氧气
2	TR10A005	℃	435	进气化炉蒸汽
3	TR10A006	℃	390	加入氧气前气化剂
4	TDI10A007	℃	45	加入氧气前后气化剂温差
5	TR10A008	℃	345	加入氧气后气化剂
6	TI10A010	℃	<60	煤锁
7	TR10A011	℃	150	气化炉顶部法兰
8	TIA10A013	℃	250	夹套供水

续表

序号	位号	单位	正常值	描　述
9	TIA10A030A/B	℃	210	洗涤冷却器出口温度
10	TI10A035	℃	181	粗煤气分离器出口煤气
11	PI10A001	MPaG	4.10	进气化炉蒸汽
12	PI10A002	MPaG	4.20	进气化炉氧气
13	PDR10A006	MPaG	0.05	夹套与气化炉压差
14	PR10A007	MPaG	4.10	夹套蒸汽
15	PI10A011A	MPaG	4.06	气化炉内
16	PI10A011B	MPaG	4.06	气化炉内
17	PDI10A012	MPaG	0~4.06	煤锁与气化炉压差
18	PDI10A013	MPaG	0~4.06	煤锁与气化炉压差(煤气)
19	PDI10A014	MPaG	0~4.06	煤锁与环境压差
20	PI10A015	MPaG	0~4.06	煤锁压力
21	PI10A016	MPaG	0~4.06	煤锁压力
22	PDI10A017	MPaG	0~4.06	煤锁与充压煤气差压
23	PDI10A021	MPaG	0~4.06	灰锁与气化炉差压
24	PDI10A022	MPaG	0~4.06	灰锁与气化炉差压
25	PI10A023	MPaG	0~4.06	灰锁压力
26	PI10A024	MPaG	0~4.06	灰锁压力
27	PI10A025	MPaG	0~4.06	灰锁压力
28	FI10A001	kg/h	32013	气化炉外供蒸汽
29	FR10A005	kg/h	4185	夹套给水流量
30	FI10A032	kg/h	24000	废锅锅炉水流量
31	LI10A008	%	0~100	煤仓料位
32	LI10A010	%	0~100	膨冷器
33	LI10A020	%	0~100	灰锁料位
34	LI10A021	%	0~100	煤锁料位
35	LISH10A055	%	0~100	煤锁气气柜高度

6.3.3　报警(表 6.4)

表 6.4　报警

序号	位号	单位	高　报	低　报	描　述
1	TR10A005	℃		350	进气化炉蒸汽
2	TDI10A007	℃	100	20	加入氧气前后气化剂温差

续表

序号	位号	单位	高　报	低　报	描　　述
3	TR10A008	℃		265	加入氧气后气化剂
4	TI10A010	℃	60		煤锁
5	TR10A011	℃	190		气化炉顶部法兰
6	TRCA10A021	℃	400		灰锁
7	TRCA10A029	℃	325		气化炉出口煤气
8	TIA10A030A/B	℃	215		洗涤冷却器出口温度
9	PDR10A006	MPaG	0. 125		夹套与气化炉压差
10	PR10A007	MPaG	4. 26		夹套蒸汽
11	PRC10A010	MPaG	4. 21		气化炉内
12	LICA10A006	%	70	30	气化炉夹套液位
13	LICA10A031	%	70	30	废锅壳侧液位
14	LICA10A033	%	70	70	废锅底部液位
15	LICA10A041	%	70	30	开车煤气分离器
16	LICA10A042	%	70	70	火炬气液分离器
17	LICA10A051	%	70	30	煤锁气分离器

6.4　开车操作

1. 夹套建立液位

(1) 依次打开夹套安全阀旁路阀 VA10A001、夹套排污冷却器 SPP10A002 的进水阀 VD10A012、夹套排污冷却器 SPP10A002 的出水阀 VA10A005，然后依次开启夹套进中压锅炉水控制阀 LV10A006 前阀 VD10A008、夹套进中压锅炉水控制阀 LV10A006 后阀 VD10A009、夹套进中压锅炉水控制阀 LV10A006。打开夹套排污阀 VA10A006，等夹套产汽后关闭。

(2) 将夹套液位 LICA10A006 投自动，设定为 50%，并控制在 50%左右。气化炉 DCS、现场图分别如图 6. 2、图 6. 3 所示。

2. 废热锅炉壳程建立液位

(1) 打开低压蒸汽 PIC10A037，依次打开夹套排污冷却器 SPP10A003 的进水阀 VD10A045、出水阀 VA10A038；开启废锅进低压锅炉水控制阀 LV10A031 前阀 VD10A043、后阀 VD10A044，再开控制阀 LV10A031；打开废锅排污阀 VA10A041，废锅产汽后关闭。

(2) 将废锅液位 LICA10A031 投自动，设定为 50%，并控制在 50%左右。

(3) 当锅炉低压蒸汽合格后，关阀 PIC10A037，打开锅炉低压蒸气阀 VA10A033，并网。废热锅炉 DCS、现场图分别如图 6. 4、图 6. 5 所示。

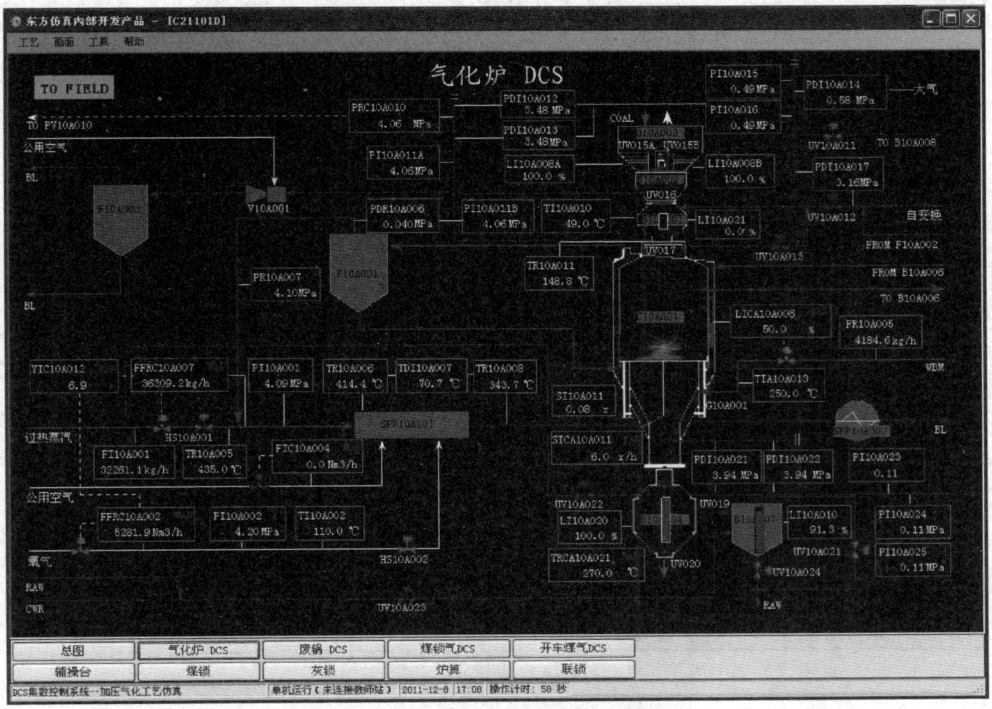

图 6.2　气化炉 DCS 图

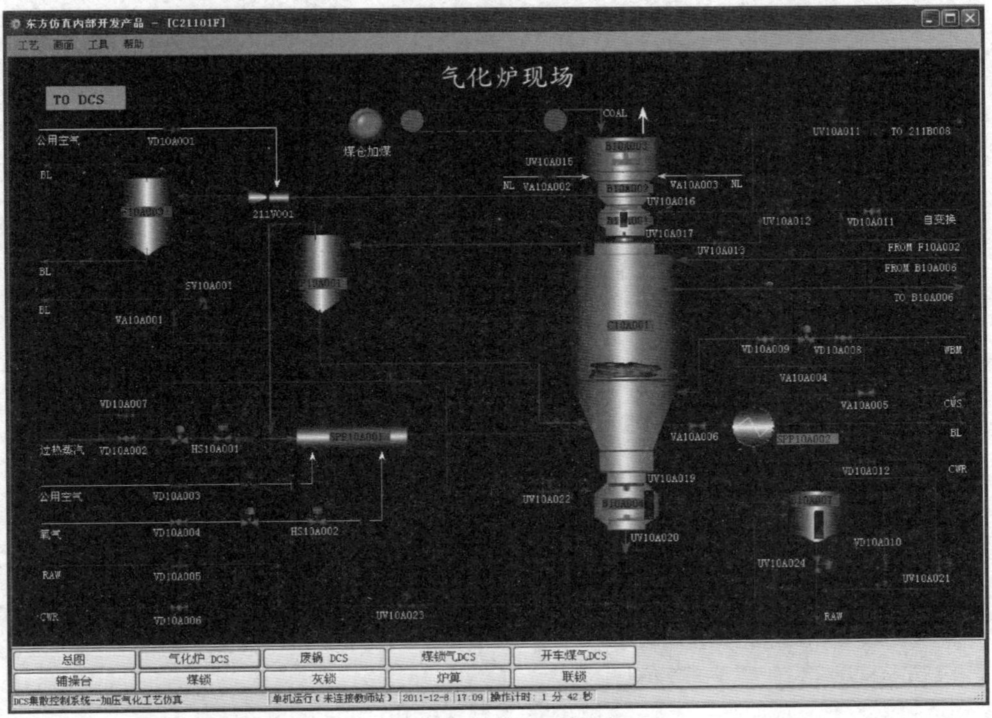

图 6.3　气化炉现场图

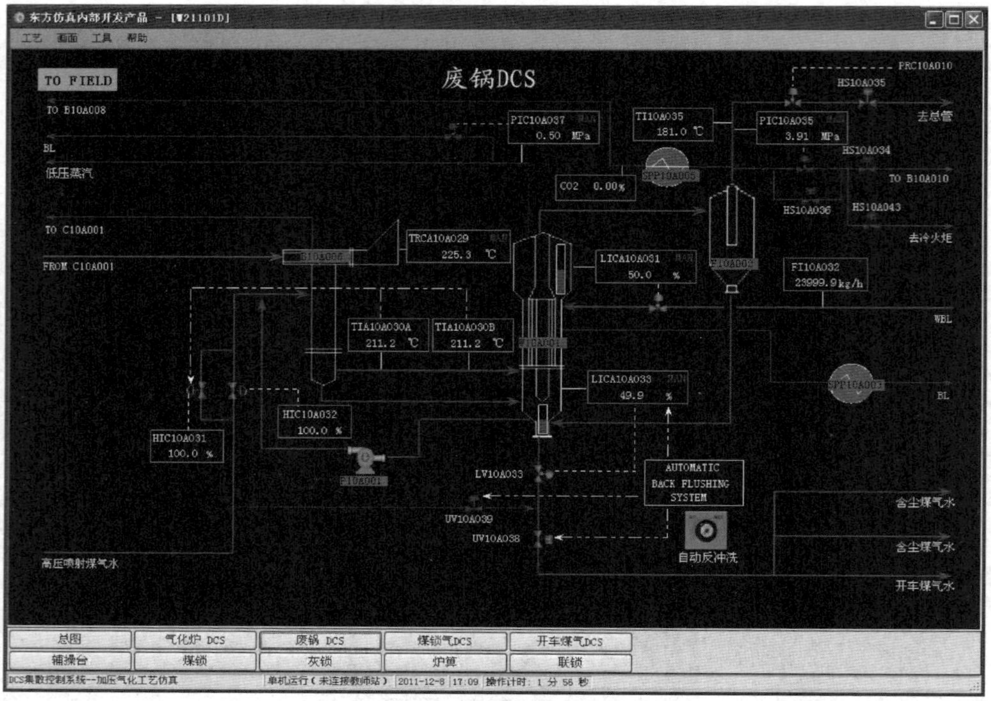

图 6.4 废锅 DCS 图

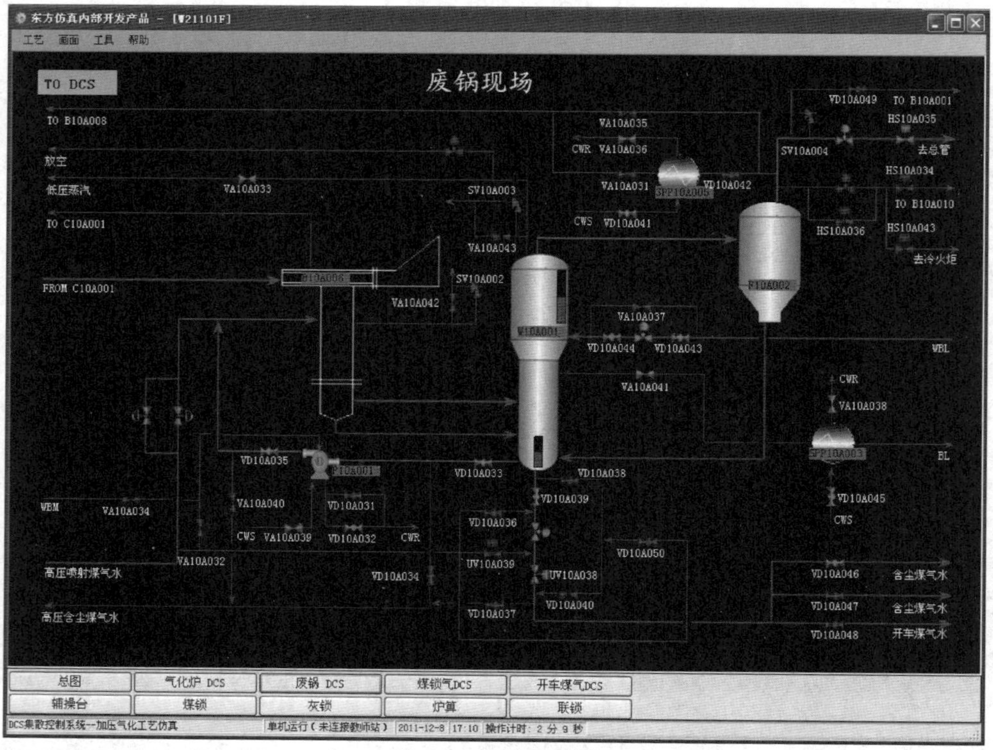

图 6.5 废锅现场图

3. 废锅集水槽建立液位

（1）开启高压喷射煤气水阀 HIC10A032、HIC10A031，开启废锅液位控制阀 LV10A033 的前阀 VD10A039、后阀 VD10A037 后，含尘煤气水排入煤气水分离，然后开启控制阀 LV10A033 的后电磁阀 UV10A038，再开启废锅液位控制阀 LV10A033。

（2）当废锅液位 LICA10A033 接近 50%时，投自动，设定为 50%，并控制在 50%左右。

（3）依次开启 P10A002 冷却水入口阀 VA10A039、出口阀 VD10A032、入口阀 VD10A033；去辅操台按“P10A001 开”按钮，然后开启 P10A002 出口阀 VD10A035。

4. 开车煤气系统投用

（1）开低压喷射煤气水进 F10A005 截止阀 VD10A093、VA10A084；开泵 P10A005 入口阀 VD10A086；去辅操台按“P10A005 开”按钮；开泵 P10A005 出口阀 VD10A087；开 B10A010 入口阀 VD10A081、VD10A082、VD10A083；开 F10A005 液位控制阀 LV10A041 的前阀 VD10A084、后阀 VD10A085，再开液位控制阀 LV10A041，并控制在 50%。

（2）开 B10A011 伴热蒸汽入口阀 VA10A089、出口阀 VD10A092；开低压喷射煤气水进 B10A011 截止阀 VD10A094、VA10A085；开泵 P10A006 入口阀 VD10A088，去辅操台按“P10A006 开”按钮；开泵 P10A006 出口阀 VD10A089；依次开 B10A011 液位控制阀 LV10A042 的前阀 VD10A090、后阀 VD10A091、后阀 VD10A096，再开 B10A011 液位控制阀 LV210042，并控制在 50%。

（3）打开火炬空气管线阀 VA10A093、火炬燃料气管线阀 VA10A092，开启火炬长明灯。开车煤气 DCS、现场图分别如图 6.6、图 6.7 所示。辅操台如图 6.8 所示。

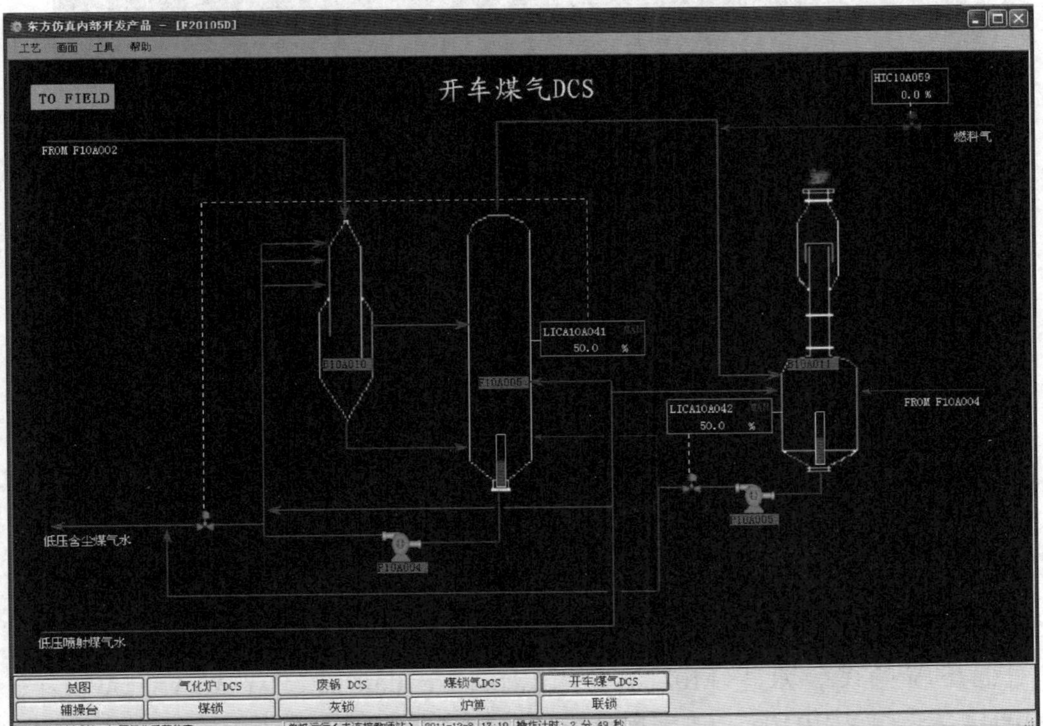

图 6.6　开车煤气 DCS 图

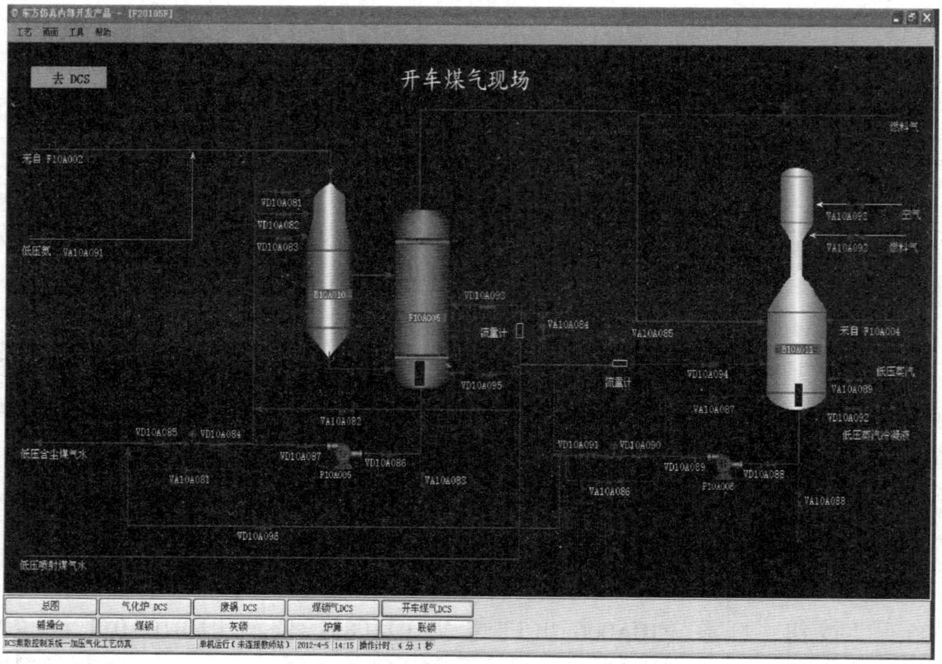

图 6.7 开车煤气现场图

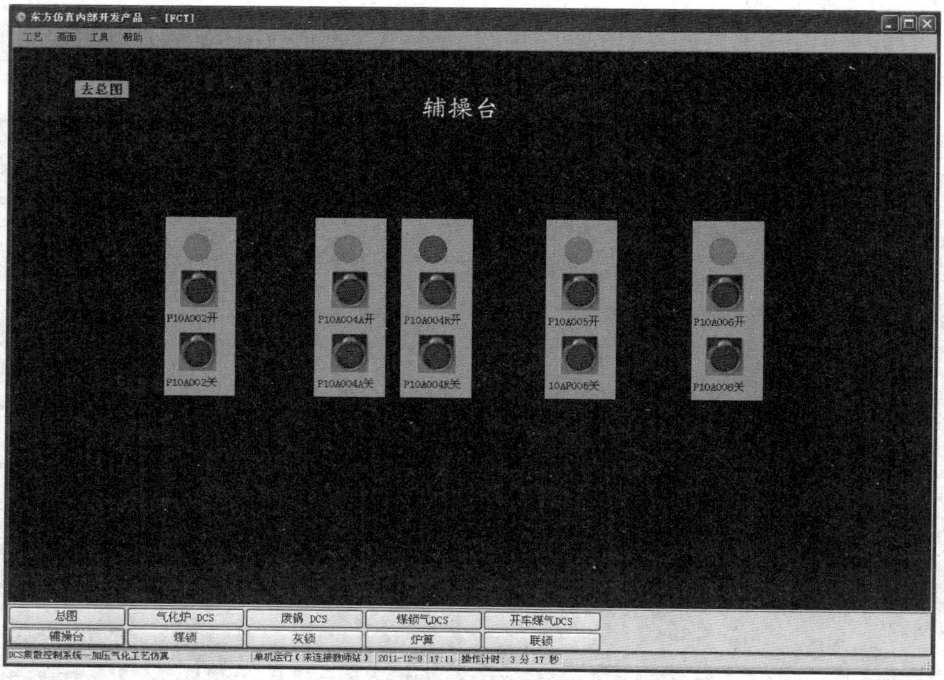

图 6.8 辅操台

5. 煤锁气系统投用

开低压喷射煤气水进 F10A004 的截止阀 VD10A070、调节阀 VA10A064；开泵 P10A004A 入口阀 VD10A066；去辅操台按"P10A004A 开"按钮使其开启；开泵 P10A004A 出口阀 VD10A067；开 B10A008 入口阀 VD10A061、VD10A062、VD10A063；开 F10A004 液

位控制阀 LV10A051 的前阀 VD10A064、后阀 VD10A065；开 F10A004 液位控制阀 LV210051；将 F10A004 液位 LICA10A051 控制在 50%；开低压喷射煤气水进 B10A009 截止阀 VD10A071、调节阀 VA10A065。煤锁气 DCS 及现场图分别如图 6.9、图 6.10 所示。

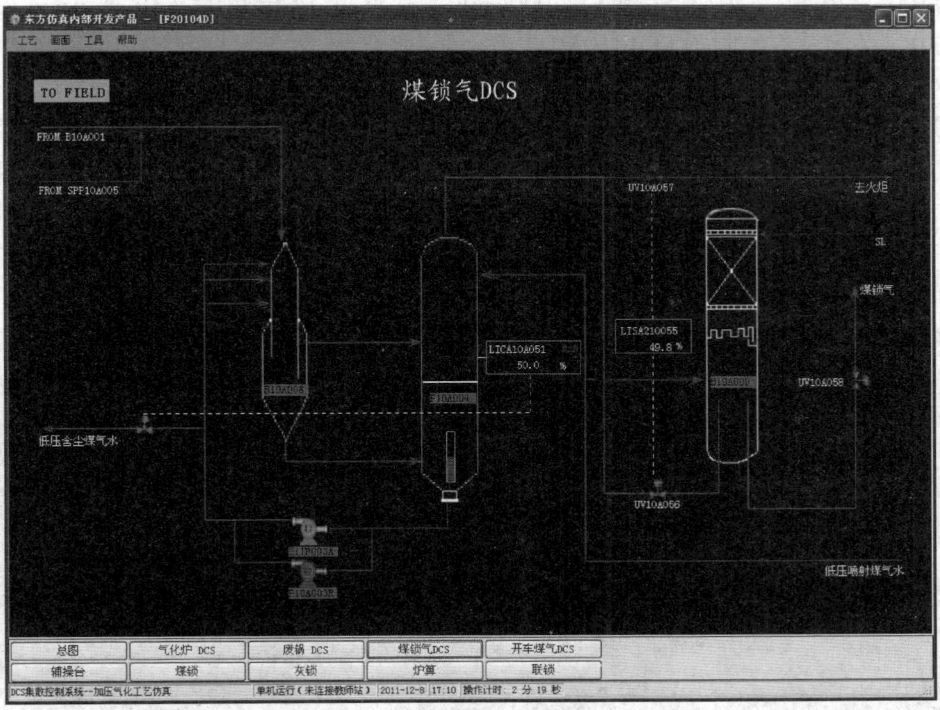

图 6.9 煤锁气 DCS 图

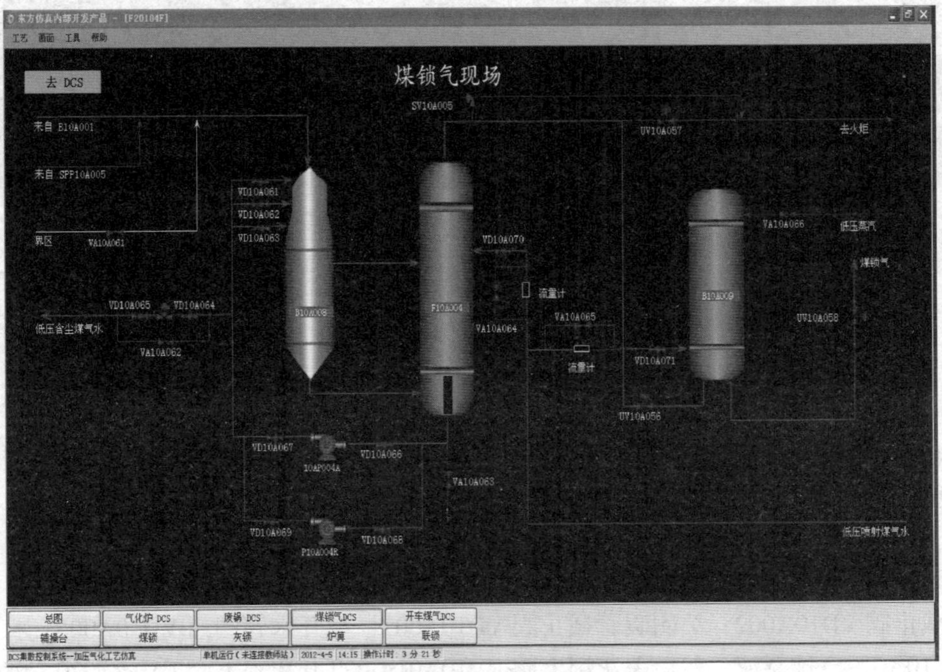

图 6.10 煤锁气现场图

6. 暖管及蒸汽吹扫

打开暖管截止阀 VD10A007；打开开车粗煤气压力控制器 PIC10A035；打开冷火炬电动阀 HS10A043；打开过热蒸汽管线上电动阀 HS10A001，开度 5%～15%；打开蒸汽控制器 FFRC10A007，控制入炉蒸汽量为 3000kg/h，蒸汽吹扫结束后（仿真 1min），关闭 HS10A001，关闭蒸汽控制器 FFRC10A007。

7. 气化炉加煤

将煤锁联锁打向“AUTO”；将灰锁联锁打向“AUTO”；打开煤锁引射器的空气阀 VD10A001；将煤锁操作方式切至“就地”；开启煤锁上阀 UV10A016；开煤溜槽圆筒阀 UV10A015，将煤锁加满煤，加满后(仿真中约 5s 即可加满)，关闭 UV10A015、UV10A016；开煤锁下阀 UV10A017，等煤锁空，关煤锁下阀 UV10A017。煤锁、灰锁仿真图分别如图 6.11、图 6.12 所示。

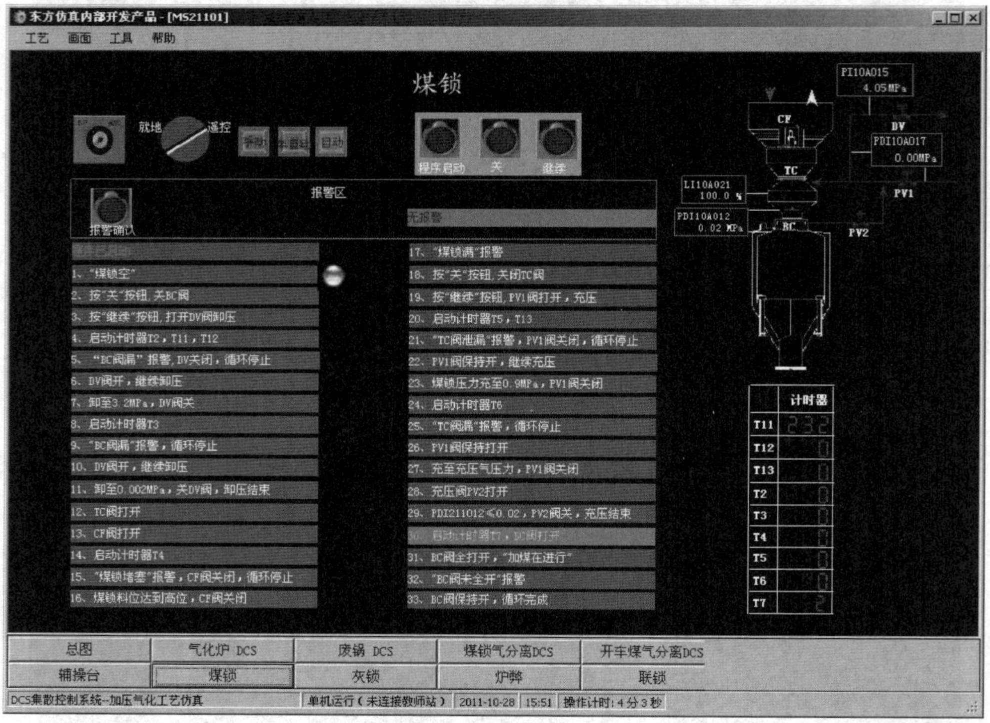

图 6.11 煤锁

8. 炉箅投用

确认炉箅为手动方式，确认炉箅为正转方式，将炉箅转数复位，将第一转数设为 0.5，将第二转数设为 3.5，确认转数设定。按“开”按钮，启动炉箅，开 SICA10A011，使炉箅转动，炉箅转 0.5 圈以除去细煤粉，如图 6.13 所示。

9. 蒸汽升温

打开过热蒸汽管线上电动阀 HS10A001；缓慢打开蒸汽控制器 FFRC10A007；打开蒸汽管线的截止阀 VD10A002；关闭暖管截止阀 VD10A007；打开水管阀门 VD10A006；打开灰锁上阀 UV10A019，排凝液，然后关灰锁上阀 UV10A019；打开灰锁下阀 UV10A020，然后再关闭；打开阀门 UV10A023，给 211B007 充水，待 B10A007 充满水后，关闭阀门 UV10A023；

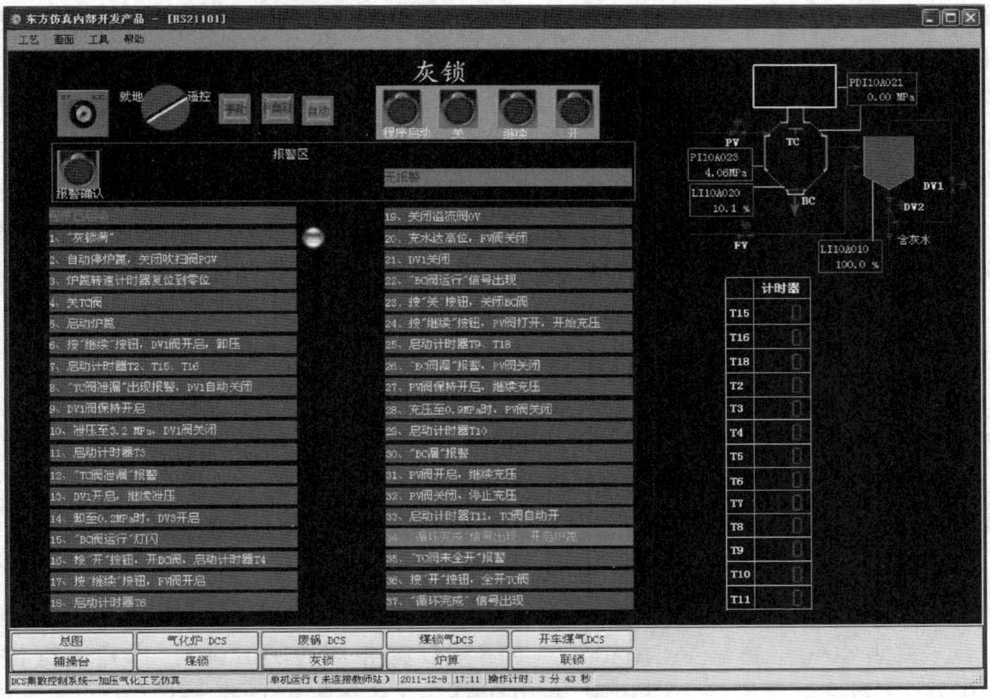

图 6.12　灰锁

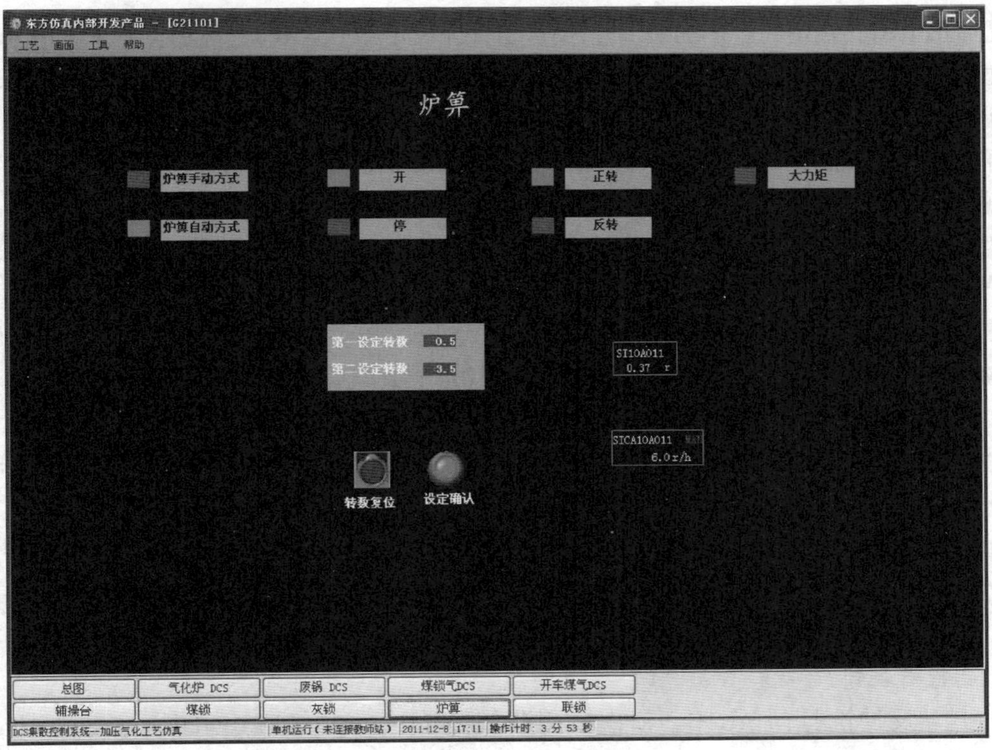

图 6.13　炉篦

打开阀门UV10A021；打开阀门UV10A024泄液，待B10A007放空后，关闭阀门UV10A024；每15min启动一次卸灰循环排冷凝液；关闭夹套安全阀旁路阀VA10A001，调节PIC10A035缓慢使压力提至0.3MPa，气化炉出口温度升至100℃以上。

10. 空气点火

依次确认关闭灰锁上阀UV10A019、灰锁下阀UV10A020、煤锁上阀UV10A016、煤锁下阀UV10A017，然后关闭蒸汽控制器FFRC10A007；打开开工空气截止阀VD10A003，缓慢打开空气控制器FIC10A004，进空气几分钟后，打开蒸汽控制器FFRC10A007。打开灰锁上阀UV10A019，开炉箅转速控制器SICA10A011，稳定操作约30min，缓慢将压力升至0.4MPa，待B10A004灰满后，关闭灰锁上阀UV10A019。

切换煤气水管线，关闭VD10A037，打开阀门VD10A048。

打开粗煤气分析取样冷却器SPP10A005的进水阀VA10A036、VD10A041，打开SPP10A005的粗煤气现场阀VD10A042、VA10A031。

关闭冷火炬线电磁阀HS10A043，打开开工火炬线电磁阀HS10A034。

11. 切氧

打开氧气截止阀VD10A004，关闭蒸汽控制器FFRC10A007，蒸汽阀关闭5min（仿真1min）后，关闭空气控制器FIC10A004，关闭空气截止阀VD10A003，打开蒸汽控制器FFRC10A007。打开氧气管线上电动阀HS10A002。打开氧气控制器FFRC10A002，逐渐开大，并同时增大蒸汽量。

12. 提压

压力PIC10A035接近0.4MPa时，投自动，并设定为0.4MPa，然后调整PIC10A035的设定值，气化炉慢慢升压到1.0MPa，控制升压速度0.05MPa/min（下同）。炉箅以1r/h运转。调整PIC10A035的设定值，气化炉慢慢提压至2.1MPa，然后再慢慢提压至3.1MPa。切换含尘煤气水管线，关VD10A048阀，打开VD10A046阀。气化炉再次升压至3.96MPa，低于总管压力0.1MPa。

13. 并网

气化炉粗煤气压力PRC10A010接近4.06MPa，投自动，并设定为4.06MPa，使气化炉粗煤气压力PRC10A010控制在4.06MPa。关闭火炬电动阀HS10A034，PIC10A035接近4.06MPa，打开粗煤气管线上的电动截止阀HS10A035，气化炉并网。

14. 煤锁投自动

“煤锁空”将煤锁操作由“就地”打向“遥控”，将煤锁操作改为“自动”，按“程序启动”按钮。

15. 灰锁投自动

“灰锁满”，将炉箅转数复位，将炉箅改为自动方式；将煤锁操作由“就地”打向“遥控”，将灰锁操作改为“自动”，按“程序启动”按钮。

16. 投用联锁

将自动反冲洗打向AUTO，依次投用联锁PZLL-001、PZLL-002、TZHH-CT011、TZHH-CT021、TZHH-CT029、TZHH-CT030、TZHH-CT007、FZLL-012、LZLL-CL006、PZHH-007、PDZHH-006。联锁一览表如图6.14所示。

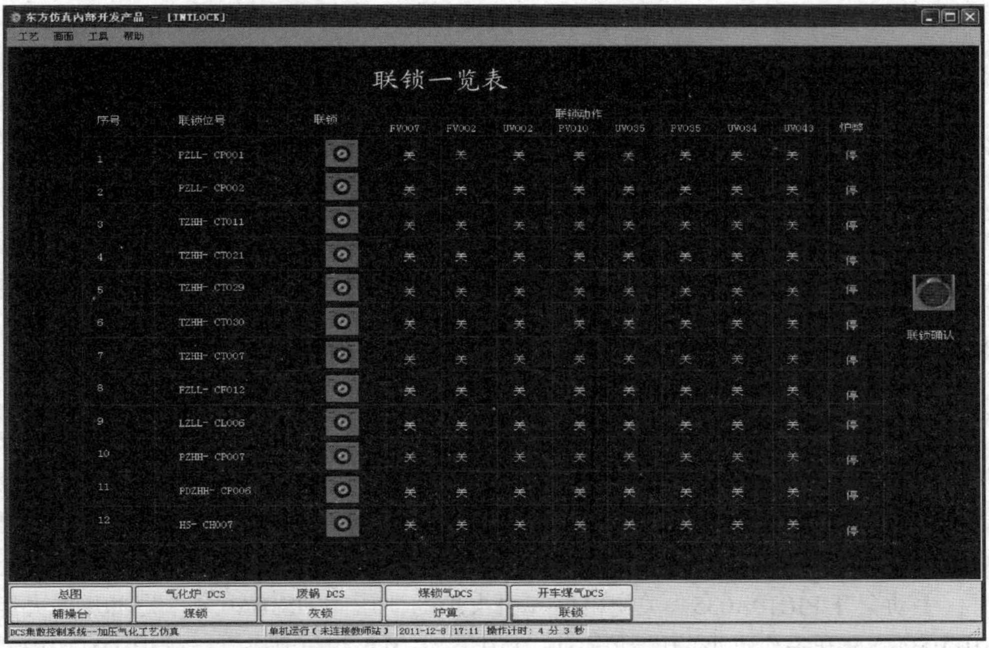

图 6.14　联锁一览表

6.5　停车操作

若外部或气化炉原因(需大检修)，使气化炉长时间停车(超过 8h)，则气化炉应作计划停车处理。

6.5.1　气化炉降负荷

将氧气控制器 FFRC10A002 改为手动，将蒸汽控制器 FFRC10A007 改为手动；将氧气流量控制为 3000Nm^3/h，将蒸汽流量控制为 21000kg/H。

6.5.2　摘除联锁

将自动反冲洗打向 BP，依次摘除联锁 PZLL- 001、PZLL- 002、TZHH- CT011、TZHH- CT021、TZHH - CT029、TZHH - CT030、TZHH - CT007、FZLL - 012、LZLL - CL006、PZHH-007、PDZHH- 006。

6.5.3　停气化炉炉箅

将炉箅改为手动操作方式，停炉箅，关炉箅转速控制器。

6.5.4　停煤锁灰锁

将煤锁操作方式切至“手动”，关闭煤溜槽圆筒阀 UV10A015，关闭煤锁下阀 UV10A016，打开煤锁下阀 UV10A017，关闭煤锁充压管线的截止阀 VD10A011，将灰锁操作方式切至“手动”，关闭灰锁上阀 UV10A019，打开灰锁下阀 UV10A020。

6.5.5 停气化剂

依次关闭氧气控制器 FFRC10A002、氧气管线上的电动阀 HS10A002、截止阀 VD10A004、过热蒸汽控制器 FFRC10A007、过热蒸汽管线上的电动阀 HS10A001、截止阀 VD10A002。

6.5.6 气化炉泄压

关闭粗煤气管线上电动阀 HS10A035，开蒸汽管线上的主截止阀旁路 VD10A007，关闭蒸汽管线上的主截止阀 VD10A002，适当关小喷射煤气水管线 HIC10A032，确认 PIC10A035 手动。打开粗煤气去火炬的电动阀 HS10A034，打开粗煤气去火炬的泄压阀 HS10A036。当气化炉压力约为 2.15MPa 时，关闭 VD10A046，打开 VD10A048，将废锅的煤气水切换至开工煤气水管线。当气化炉压力约为 0.3MPa 时，将废锅的煤气水切换至 VD10A037；当气化炉压力约为 0.15MPa 时，逐渐手动开大开车煤气调节器 PIC10A035；当气化炉泄压至环境压力时，手动全开 PIC10A035。关闭粗煤气去火炬的泄压阀 HS10A036，关闭开工火炬电动阀 HS10A034，全开去冷火炬的电动阀 HS10A04，关闭粗煤气压力调节阀 PV211010，关闭电动阀 HS10A035，打开粗煤气去火炬的泄压阀 HS10A036、电动阀 HS10A034，适当关小喷射煤气水管线 HIC10A032。当气化炉压力约为 2.15MPa 时，打开 VD10A048，将废锅的煤气水切换至开工煤气水管线，关闭 VD10A046；当气化炉压力约为 0.3MPa 时，将废锅的煤气水切换至 VD10A037；当气化炉压力约为 0.15MPa 时，手动全开开车煤气调节阀 PV211035。

6.5.7 排残料

气化炉泄至常压后，打开灰锁上阀 UV10A019，启动炉箅，气化炉排料，排完后关闭。去辅操台按“P10A002 关”按钮，关闭 HIC10A031，气化炉排空后，关闭灰锁上阀 UV10A019，打开灰锁下阀 UV10A020。

6.5.8 蒸汽吹扫

依次打开蒸汽管线上的截止阀 VD211002、过热蒸汽管线上电动阀 HS10A001、蒸汽控制器 FFRC10A007；依次关闭蒸汽管线上的截止阀 VD211002、过热蒸汽管线上的电动阀 HS211001、蒸汽控制器 FFRC10A007。

6.5.9 排污

先关闭夹套进水阀 LV10A006 前阀 VD10A008、后阀 VD10A009，再关闭夹套进水阀 LV211006。打开蒸汽夹套安全阀的旁路阀 VA10A001，全开蒸汽夹套排污阀 VA10A006。先关闭废锅进水阀 LV10A03 前阀 VD10A043、后阀 VD10A044，再关闭锅炉进水阀 LV211031。打开废锅放空 PIC10A037，全废锅排污阀 VA10A041。

6.6　事故处理

在加压气化炉生产过程中，维持正常的气化炉操作是非常关键的，但气化炉运行过程中，由于种种原因，会出现一些不正常的现象和事故，因此掌握一定的事故处理方法是很有必要的，现列出一些常见故障的现象、原因分析及其处理措施。

6.6.1　氧气管网故障

1. 事故现象

气化炉供氧不足甚至无供氧，气化炉温度会逐渐降低，产气量减小，CO_2含量升高。

2. 事故原因

空分液氧泵发生故障，后备液氧泵及备用泵又未及时启动，或氧气压力低于 4.2MPa。

3. 处理方法

气化炉联锁停车保压，超过半小时应泄压停车处理

6.6.2　蒸汽管网故障

1. 事故现象

气化炉供汽不足甚至无供汽，气化炉温度会逐渐降低，产气量减小，CO_2含量升高。

2. 事故原因

热电锅炉跳车，蒸汽压力低于 4.2MPa。

3. 处理方法

气化炉联锁停车保压，超过半小时应泄压停车处理。

6.6.3　煤锁气洗涤泵 P10A004A 坏

1. 事故现象

泵 P10A004A 出口压力低，F10A004 的液位逐渐升高。

2. 事故原因

泵内有部件坏掉。

3. 处理方法

开备用泵 P10A004R。

6.6.4　LV10A006 阀卡

1. 事故现象

阀卡。

2. 事故原因

阀不灵活或已坏。

3. 处理方法

开旁路，将流量调至正常。

6.6.5 LV10A033 被堵

1. 事故现象

集水槽液位升高，排放不下去。

2. 事故原因

由于煤粉、焦油的带出和积聚，造成 LV10A033 被堵。

3. 处理方法

进行反冲洗，可以采用反冲洗联锁自动进行反冲洗，为了训练此操作，本处采用手动反冲洗操作。

第7章　水处理工艺

7.1　气浮单元

7.1.1 工艺简介

1. 工艺背景

由于城市生活污水中含有大量的漂浮物、悬浮物等有机和无机污染物质，因此，在排放前，必须对城市生活污水进行物理、化学和生物处理，使出水水质达到国家规定的排放标准。

污水物理处理法的去除对象是漂浮物和悬浮物质。其处理方法可分为筛滤截留法(设备有筛网、格栅、微滤机等)、重力分离法(设备有沉砂池、沉淀池、气浮池等)、离心分离法(设备有离心机、旋流分离器等)等。

气浮法与其他方法相比，其优点是气浮时间短，一般只需15min左右；对去除废水中纤维物质特别有效，有利于提高资源利用率；工艺流程和设备简单，运行方便。

2. 工艺原理

(1) 栅格

栅格由一组平行的金属栅条或筛网制成，安装在污水渠道、泵房集水井的进口处或污水处理厂的端部，用以截留较大的悬浮物或漂浮物，如纤维、碎皮、毛发、木屑、塑料制品等，以便减轻后续处理构筑物的处理负荷，并使之正常运行。被截流的物质称为栅渣。

(2) 沉淀

污水中的悬浮物质，可以在重力的作用下沉淀去除。这是一种物理过程，简便易行，效果良好，是污水处理的重要技术之一。

沉砂池的功能是去除密度较大的无机颗粒(如泥砂、煤渣等)。沉砂池一般设于泵站、倒虹管前，以便减轻无机颗粒对水泵、管道的磨损；也可设于初次沉淀池前，以减轻沉淀池负荷及改善污水处理构筑物的处理条件。常用的沉砂池有平流沉砂池、曝气沉砂池、多尔沉砂池等。

沉淀池按工艺布置的不同，可分为初次沉淀池和二次沉淀池。初次沉淀池是一级污水处理厂的主体处理构筑物，或作为二级污水处理厂的预处理构筑物设在生物处理构筑物的前面，处理对象是悬浮物质(可除去40%~50%)，同时可以去除部分BOD_5(可除去20%~30%的BOD_5，主要是悬浮性BOD_5)，可改善生物处理构筑物的运行条件并降低其BOD_5负荷。初次沉淀池中的沉淀物质称为初次沉淀污泥；二次沉淀池设在生物处理构筑物(活性污泥法或生物膜法)的后面，用于沉淀去除活性污泥或腐殖污泥(生物膜法脱落的生物膜)，它是生物处理系统的重要组成部分。沉淀池按池内水流方向的不同可分为平流式沉淀池、辐流式沉淀池和竖流式沉淀池。

(3) 气浮

气浮法是固液分离或液液分离的一种技术。它是通过某种方法产生大量的微气泡，使其与废水中密度近于水的固体或液体污染物微粒黏附，形成整体密度小于水的“气泡-颗粒”复合体，悬浮粒子随气泡一起浮升到水面，形成泡沫或浮渣，从而使水中悬浮物得以分离。实现气浮分离必须具备以下两个基本条件：① 必须在水中产生足够数量的细微气泡；② 必须使气泡能够与污染物黏附，并形成不溶性的固态悬浮体。

气浮过程中，通过布气、溶气、电解的方式产生气泡，使气泡和颗粒物共存于水中。一旦气泡与颗粒物接触，由于界面张力作用就会产生表面吸附作用。疏水性颗粒易附着气泡，一起上浮。对于亲水性物质则需加入浮洗剂、表面活性剂等以增加颗粒的疏水性，使之易于附着气泡，提高气浮效果。

在废水处理中，气浮法广泛应用于处理含有小悬浮物、藻类及微絮体等密度接近或低于水、很难利用沉淀法实现固液分离的各种废水；回收工业废水中的有用物质，如造纸厂废水中的纸浆纤维及填料等；代替二次沉淀，分离和浓缩剩余活性污泥，特别适用于易于产生污泥膨胀的生化处理工艺中；分离回收含油废水中的悬浮油和乳化油。

加压溶气气浮法是目前应用最广泛的一种气浮方法。空气在加压条件下溶于水中，再使压力降至常压，把溶解的过饱和空气以微气泡的形式释放出来。

气浮法的关键技术：加压溶气产生大量符合要求的微气泡，气泡直径为50~100μm；投加絮凝剂，改变悬浮物的亲水性，使细小的悬浮物结成大颗粒，并黏附大量的气泡。

3. 流程概述

(1) 粗格栅及提升泵房的工艺流程

待处理的污水首先进入粗格栅，粗格栅将污水中大块污物拦截下来，防止堵塞后续单元的机泵和工艺管道。经粗格栅处理的污水进入提升泵房，提升泵将进水提升至后续处理单元所要求的高度，使其实现重力自流，提升泵房出来的流水进入细格栅。

(2) 细格栅及平流沉砂池的工艺流程

流水由提升泵流经细格栅进入平流沉砂池，在平流沉砂池中，在重力的作用下，部分大颗粒的悬浮颗粒SS从污水中沉淀分离出来，沉砂池出水由重力自流进入调节池。

(3) 调节池的工艺流程

调节池的作用是用于调节水量和水质。调节池出水进入平流式初沉池。

(4) 平流式初沉池的工艺流程

来自沉砂池的污水进入初沉池，在初沉池中通过物理沉降，去除40%的SS、25%的 BOD_5 和30%的 COD_{Cr}。初沉池出水进入反应池进一步处理。

(5) 反应池的工艺流程

反应池的目的是将乳化稳定体系脱稳、破乳。破乳的方法可采用投加混凝剂，使废水中增加相反电荷的胶体，压缩双电层，降低ζ-电位，使其电性中和，促使废水中污染质破乳凝聚，以利于与气泡黏附而上浮。反应池所添加的试剂有：聚合氧化铝、聚合硫酸铁、三氯化铁、硫酸亚铁和硫酸铝。反应池出水直接进入气浮池。

(6) 溶气罐的工艺流程

泵将部分出水自清水池进行回流加压进入溶气罐内，空压机将压缩空气输入溶气罐，在溶气罐内，空气在压力的作用下溶于加压水中，形成溶气水，溶气水自释放器排放后进入气浮池。

(7) 气浮池的工艺流程

反应池来的废水直接进入气浮池。来自溶气罐的溶气水经释放器产生大量的微气泡，微气泡与废水中密度近于水的固体或液体污染物微粒黏附，形成整体密度小于水的“气泡-颗粒”复合体，悬浮粒子随气泡一起浮升到水面，形成泡沫或浮渣，然后用刮渣设备自水面刮除泡沫，实现固液或液液分离。

(8) 浓缩池的工艺流程

来自气浮池的污泥在浓缩池中进行浓缩，剩余水经重力自流至粗格栅，污泥由提升泵送至脱水机房。

(9) 脱水机房的工艺流程

来自浓缩池的污泥在脱水机房中进行脱水、稳定处理和最终处置，滤饼排放，剩余水经重力自流至粗格栅入口。

7.1.2 主要设备及操作工艺指标

1. 主要调节器、仪表

(1) 主要显示仪表(7.1)

表7.1 主要显示仪表

序号	位号	名称	说明
1	FI201	污水来源流量计	正常值6000m^3/d
2	FI202	沉砂池出水流量计	正常值6000m^3/d
3	FI208	调节池进水流量计	正常值6000m^3/d
4	FI209	调节池进水流量计	正常值6000m^3/d
5	FI204	初沉池进水流量计	正常值6000m^3/d
6	FI205	初沉池出水流量计	正常值6000m^3/d
7	FI211	反应池进水流量计	正常值6000m^3/d
8	FI212	反应池出水流量计	正常值6000m^3/d
9	FI207	气浮池进水流量计	正常值6000m^3/d
10	FI213	气浮池出水流量计	正常值6000m^3/d
11	FI214	气浮池排泥水流量计	间歇操作，最大值3000m^3/d
12	FI217	溶气罐补水泵流量计	正常值62.5m^3/h
13	FI218	溶气罐出水流量计	正常值62.5m^3/h
14	FI224	清水池进水流量计	正常值7440m^3/d
15	FI216	清水池出水流量计	正常值5940m^3/d
16	FI219	浓缩池来泥流量计	间歇操作，最大值3000m^3/d
17	FI220	浓缩池出水流量计	间歇操作
18	FI221	脱水机房进泥流量计	间歇操作
19	FI223	脱水机房排水流量计	间歇操作

续表

序号	位号	名　　　称	说　　　明
20	FI210	调节池加药流量	加药流量范围：0~1m^3/d
21	VI202	反应池加药速率	正常值 1L/min
22	FI222	脱水机房加药流量	正常值 0.5m^3/d
23	LI209	粗格栅液位	单位为 m，正常值 0.5m
24	LI201	提升泵房液位	单位为 m，正常值 0.7m
25	LI202	沉砂池液位	单位为 m，正常值 0.58m
26	LI204	调节池液位	单位为 m，正常值 5m
27	LI203A	初沉池水位	单位为 m，正常值 3m
28	LI203B	初沉池泥位	单位为 m，正常值 0~1.5m
29	LI205	反应池液位	单位为 m，正常值 5.6m
30	LI211	气浮池集渣槽浮渣厚度	单位为 cm，正常值 0~8cm
31	LI206A	气浮池水位	单位为 m，正常值 2.5~2.8m
32	LI208	溶气罐水位	单位为 m，正常值 3m，事故值<2m
33	LI207	清水池水位	单位为 m，正常值 2.7m
34	LI219	浓缩池泥面位	单位为 m
35	LI210A	浓缩池水位	单位为 m
36	LI210B	二沉池泥面位	单位为 m
37	AI2101	污水源 BOD 值	正常值：150mg/L，暂无相关事故值
38	AI2102	沉砂池出口 BOD 值	正常值：150mg/L，暂无相关事故值
39	AI2103	初沉池出口 BOD 值	正常值：112.5mg/L，暂无相关事故值
40	AI2201	污水源 COD 值	正常值：400mg/L，事故值 680mg/L
41	A12202	沉砂池出口 COD 值	正常值：400mg/L，暂无相关事故值
42	AI2204	初沉池出口 COD 值	正常值：280mg/L，暂无事故值
43	AI2208	清水池出水 COD 值	正常值：90mg/L，暂无事故值
44	AI2301	污水源 SS 值	正常值：500mg/L，事故值 300mg/L
45	AI2302	沉砂池出口 SS 值	正常值：500mg/L，暂无事故值
46	AI2304	初沉池出口 SS 值	正常值：300mg/L，暂无事故值
47	AI2308	清水池出水 SS 值	正常值：30mg/L，事故值≥30mg/L
48	AI2401	污水源 NH_3-N 值	正常值：30mg/L，暂无事故值
49	AI2402	沉砂池出口 NH_3-N 值	正常值：30mg/L，暂无事故值
50	AI2404	初沉池出口 NH_3-N 值	正常值：30mg/L，暂无事故值
51	AI2408	清水池出水 NH_3-N 值	正常值：3~6mg/L，暂无事故值
52	AI2508	清水池出口余氯含量	正常值：1mg/L，暂无事故值
53	AI2601	调节池来水 pH 值	6~9
54	AI2602	调节池出水 pH 值	6~9
55	PI201	溶气罐内压力	正常值 350~400kPa，事故值>450kPa
56	AI201	脱水机房泥饼含水率	正常值 80%~85%

（2）主要设备（表 7.2）

表 7.2 主要设备

序号	位号	名称	说明
1	S201	回转式粗格栅	去除污水大颗粒杂质
2	S202	回转式粗格栅（备用）	去除污水大颗粒杂质
3	S203	初沉池刮泥机	刮掉初沉池中沉淀的污泥
4	S204	反应池搅拌器	使反应池内溶液和药混合均匀
5	S205	气浮池释放器	产生大量的微气泡
6	S206	气浮池刮渣机	刮掉气浮池表面的浮渣
7	S207A/B	溶气罐空压机 2 台（一用一备）	向溶气罐内补充空气
8	S208	脱水房压滤机	污泥脱水
9	S209	粗格栅刮渣机	去掉格栅上的污泥
10	S210	平流沉砂池	沉砂池是采用物理原理将砂从污水中分离出来，以免砂在后续处理单元和管道中沉积，并使设备过度磨损
11	S211	调节池	用于调节水量和水质
12	S212	初沉池	初沉池的主要作用有：去除 50%～60% 的 SS；去除 25%～35% 的 BOD_5；去除漂浮物；均和水质
13	S213	反应池	将乳化稳定体系脱稳、破乳。破乳的方法可采用投加混凝剂，使废水中增加相反电荷的胶体，压缩。 双电层，降低 ζ-电位，使其电性中和，促使废水中污染质破乳凝聚，以利于与气泡黏附而上浮。（试剂：聚合氧化铝、聚合硫酸铁、三氯化铁、硫酸亚铁和硫酸铝）
14	S214	气浮池	在加压条件下，使空气溶于水，形成空气过饱和状态。然后减至常压，使空气析出，以微小气泡释放于水中，实现气浮，此法形成气泡小，约 20～100μm，处理效果好，应用广泛
15	S215	清水池	储存气浮池出水，对排放水进行最后的后处理，如消毒等，清水经清水池最后处理后排放
16	S216	溶气罐	利用溶气罐将部分出水进行回流加压，废水直接进入气浮池。污染物上浮至水面，形成泡沫，然后用刮渣设备自水面刮除泡沫，实现固液或液液分离
17	S217	浓缩池	对污泥进行浓缩，上清液回流至泵房，污泥运至脱水机房
18	S218	脱水机房	对污泥进行浓缩、脱水、稳定处理和最终处置以达到减量化、稳定化、无害化以及资源化的目的

(3) 主要泵类设备

表 7.3 主要泵类设备

序号	位号	名　　称	说　　明
1	P201	泵房提升泵	为经粗格栅过滤的污水提供压力，使之进入沉砂池
2	P202	泵房提升泵(备用)	为经粗格栅过滤的污水提供压力，使之进入沉砂池
3	P203	调节池加药计量泵	向调节池中加入酸液或碱液，以调节进入反应池污水的 pH 值
4	P204	反应池加药计量泵	向反应池中加入絮凝剂，以去除固体悬浮物
5	P205	溶气罐补水泵	向溶气罐中补充循环清水
6	P206	溶气罐补水泵(备用)	向溶气罐中补充循环清水
7	P207	污泥浓缩池污泥泵	为去脱水机房的污泥提供动力，使之到脱水机房
8	P208	污泥浓缩池污泥泵	为去脱水机房的污泥提供动力，使之到脱水机房
9	P209	脱水机房加药计量泵	向脱水机房加药，对污泥进行稳定化处理
10	P210	清水池加药计量泵	向清水池中加药，对清水进行排放前的最后处理

7.1.3 冷态开车

1. 开车准备

开工前全面大检查、处理完毕，设备处于良好的备用状态。

2. 冷态开车

(1) 建立溶气罐系统平衡

① 进入清水池仿真界面(图 7.1)，全开溶气罐补水泵 P205 进口阀门 V227，打开溶气罐补水泵 P205 电源(图 7.2)，启动补水泵，半开溶气罐补水泵 P205 出水阀门 V215，向溶气罐内补充循环水；

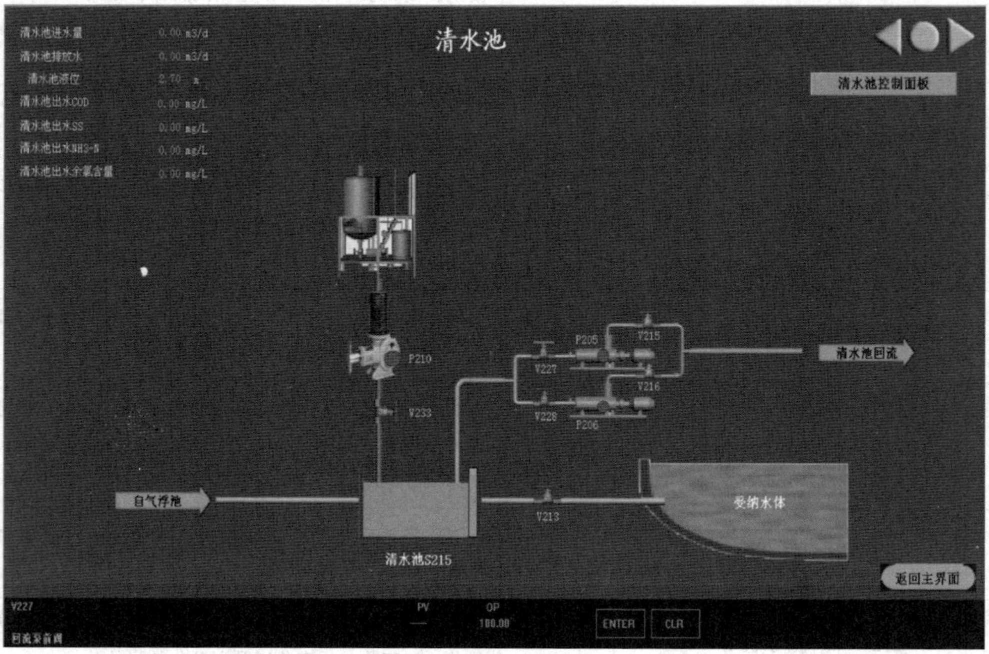

图 7.1 清水池

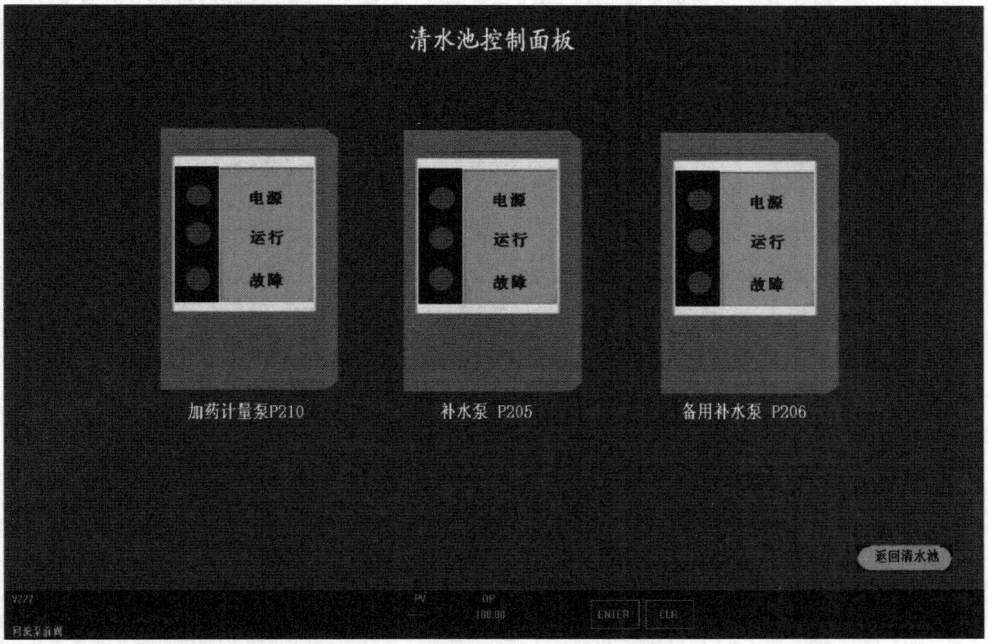

图 7.2 清水池控制面板

② 半开溶气罐进水阀门 V234，向溶气罐内注水(图 7.3)；

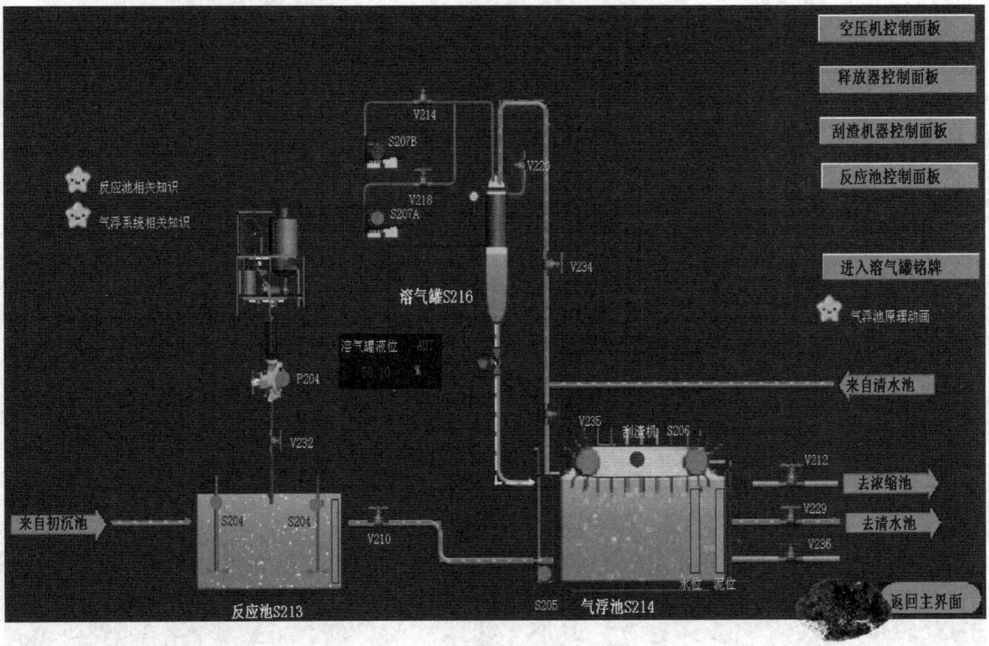

图 7.3

③ 溶气罐液位控制器投自动，液位设定为 50%；

④ 待溶气罐内液位稳定在设定值时，启动空压机 S207A(图 7.4)；

⑤ 全开溶气罐进气阀门 V218，向溶气罐内灌气，待溶气罐内接近 350kPa 时，逐渐关小溶气罐进气阀 V218 直至半开，使内压稳定在 350~400kPa；

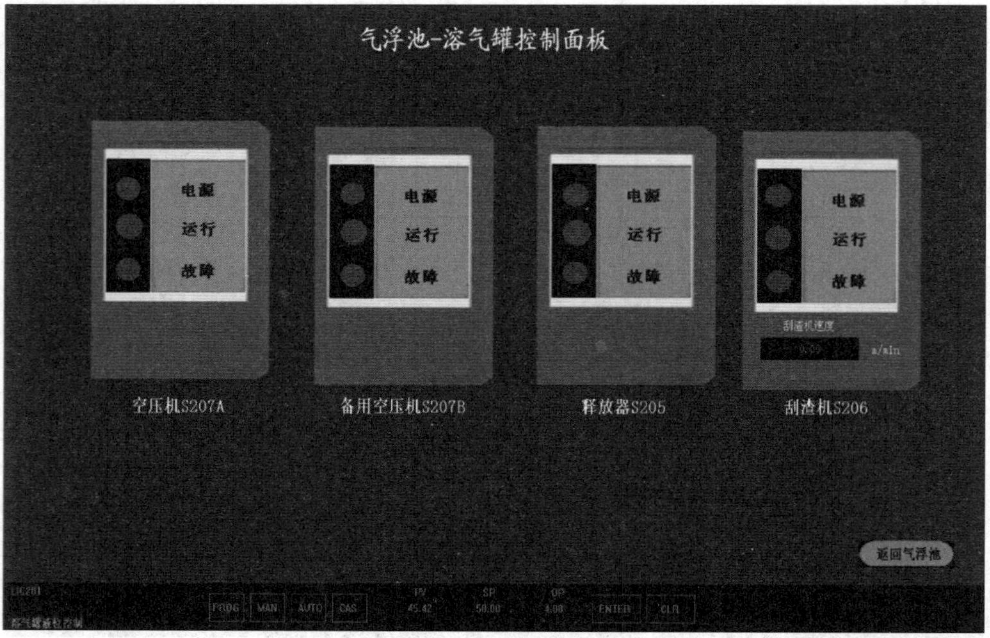

图 7.4 气浮池-溶气罐控制面板

⑥ 溶气罐压力最高不得超过 550kPa。

(2) 启动反应池系统

① 待溶气系统稳定后，半开清水池出水阀门 V213；

② 打开反应池加药计量泵 P204 电源(图 7.5)，启动加药计量泵，调节加药阀门 V232 开度，控制加药速率；

③ 半开气浮池进口阀门 V210，向气浮池灌水。

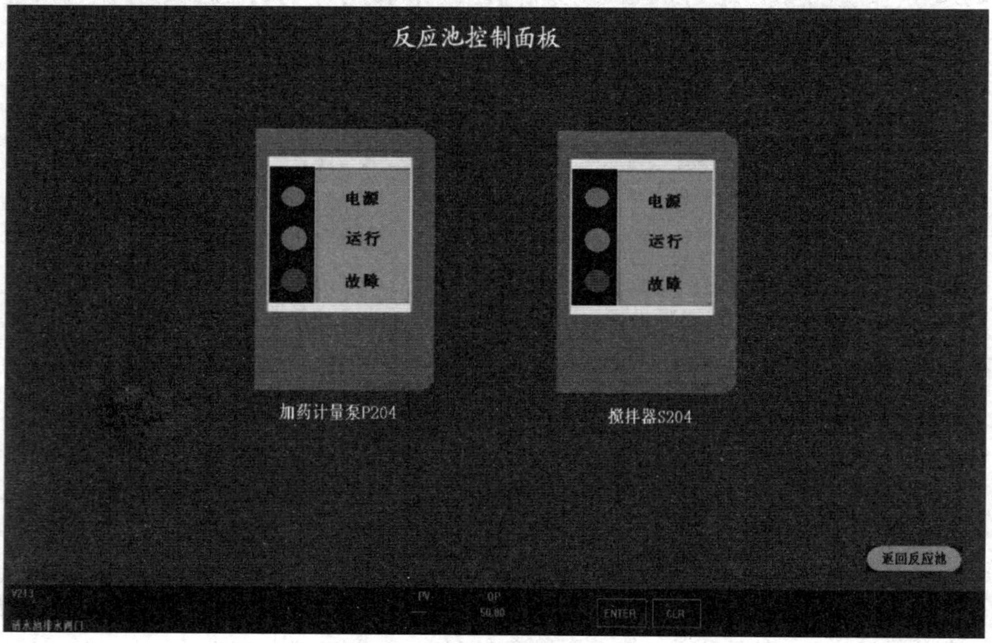

图 7.5 反应池控制面板

(3) 启动气浮池系统

① 当气浮池水面液位达到2.6m时，半开气浮池出水阀门V229，维持气浮池液位稳定在2.6m左右；

② 气浮池液位最高不得超过2.95m。

(4)气浮池排渣操作

① 待气浮池浮渣厚度达到5cm时，关小气浮池出水阀V229；

② 当液位达到2.8m时，迅速打开气浮池出水阀门V229直至半开，使液位恒定；

③ 开启刮渣机S206，调节刮渣速度为5~10m/mim，将渣刮出；

④ 待气浮池浮渣厚度为零，刮渣完毕，关闭刮渣机。

(5)气浮池液位控制

刮渣完毕，调节阀门V229，使气浮池水面液位稳定在2.6m。

7.1.4　装置正常停工过程

(1) 关闭气浮池出水阀V229；

(2) 关闭气浮池进水阀V210；

(3) 关闭溶气罐补水泵P205的出水阀V215；

(4) 进入清水池控制面板，点击溶气罐补水泵P205运行按钮，停运溶气罐补水泵P205；

(5) 将溶气罐液位控制器LIC201投手动挡；

(6) 点击溶气罐液位控制器LIC201，设定溶气罐出水阀门V219开度为0，关闭阀门V219；

(7) 进入空压机控制面板，点击空压机S207A电源按钮，关闭空压机；

(8) 进入刮渣机控制面板，点击刮渣机S206电源按钮；

(9) 点击刮渣机S206运行按钮，启动刮渣机S206；

(10) 点击刮渣机速度调节器，设定刮渣速率为5m/min，进行刮渣；

(11) 待气浮池浮渣厚度为零时，刮渣完毕，进入刮渣机控制面板，点击刮渣机电源按钮，关闭刮渣机；

(12) 全开气浮池出水阀V229，进行气浮池排液操作；

(13) 打开气浮池放空阀V236，清除气浮池底积泥。

7.1.5　事故处理

1. 冬季低温时气浮效果不好

(1) 事故原因

由于冬季水温较低，混凝气浮效果不好。

(2) 事故现象

出水SS设置为60mg/L，报警，数值以红色显示。

(3) 处理方法

① 开大清水池回流水阀V234的开度至60%，回流水量从62.5m^3/h增加至75m^3/h；

② 全开空压机进气阀V218，增加溶气罐压力至400kPa；

③ 待溶气罐压力至 400kPa 时，关小进气阀 V218 至半开左右，使内压稳定在 450kPa 左右；

④ 溶气罐内压稳定开大反应池加药阀开度至 50%以上，增加投药量，使出水 SS 值降低到 30mg/L 以下；

⑤ 清水池出水 SS 值在 30mg/L 以下，操作完毕。

2. 溶气罐压力过高

(1) 事故原因

溶气罐内压力过高

(2) 事故现象

罐内压力大于 0.5MPa，红色显示不正常参数。

(3) 处理方法

① 进入气浮池控制面板，点击空压机 S207A 电源按钮，关闭空压机；

② 关闭溶气罐进气阀门 V218；

③ 进入清水池控制面板，点击溶气罐补水泵 P205 电源按钮，关闭补水泵；

④ 关闭溶气罐进水阀门 V234；

⑤ 打开溶气罐放空阀 V220，检修。

3. 出水 SS 过高

(1)事故原因

清水池出水 SS 过高。

(2) 事故现象

① 气浮池排泥不畅，泥位升高；

② 溶气罐压力为 0.35MPa；

③ 混凝剂：加药速度正常值为 1L/min，显示加药速度为 0.05L/min。

(3)处理方法

① 进入气浮池仿真界面，全开空压机进气阀门 V218，使罐内压力增大到 400kPa；

② 进入气浮池仿真界面，待溶气罐压力增加到 400kPa 时，半开进气阀 V218，使压力稳定在 400kPa；

③ 进入反应池仿真界面，开大反应池加药计量泵加药阀门 V232，向反应池添加药液。

7.2 氧化沟单元

7.2.1 工艺简介

1. 工艺背景

污水的化学生物处理法去除对象主要是污水中的污染物质如 BOD、COD、氨氮(NH_3-N)、磷(P)等。活性污泥法是当前应用最为广泛的污水生物处理技术之一。活性污泥法是以活性污泥为主体的污水生物处理技术。向生活污水中注入空气进行曝气，每天保留沉淀物，更换新鲜污水。这样，在持续一段时间后，污水中即将形成一种黄褐色的絮凝体。这种絮凝体主要是由大量繁殖的微生物群体构成，它易于沉淀与水分离，并使污水得到净化、澄清。这种絮凝体就是称为“活性污泥”的生物污泥。最先担当净化任务的是微生物群体中的异氧菌和腐生性真菌，细菌特别是球状细菌起着最关键的作用。优良运转的活性污泥，是以丝状菌为骨架由球状菌组成的菌胶团，沉降性好，随着活性污泥的正常运行，细菌大量繁殖，开始生长原生动物，是细菌一次捕食者。活性污泥常见的原生动物有鞭毛虫、肉毛虫、纤毛虫和吸管虫。活性污泥成熟时固着型的纤毛虫、种虫占优势；后生动物是细菌的二次捕食者，如轮虫、线虫等只能在溶解氧充足时才出现，所以当出现后生动物时是处理水质好转的标志。

2. 工艺原理

该系统以活性污泥反应器——曝气池作为核心处理设备。经过物理方法预处理的污水进入活性污泥反应器(曝气池)，在曝气池内活性污泥与来自空压机的空气发生耗氧反应，除掉大部分COD和BOD，从曝气池出来的混合液进入二沉池，在重力的作用下实现污泥和水的固液分离，处理后的达标水排放，污泥则进入污泥井中，部分污泥通过回流泵回到曝气池继续反应，剩余污泥则进入脱水机房进行后处理。

氧化沟又称循环曝气池，是活性污泥法的一种变型，其曝气池呈封闭的沟渠型，所以它在水力流态上不同于传统的活性污泥法，是一种首尾相连的循环流曝气沟渠，污水渗入其中得到净化，通过氧化沟曝气池处理，不但能够除掉COD和BOD，还具有脱氮除磷效果。

本工艺中采用Carrousel氧化沟活性污泥工艺。污水直接与回流污泥一起进入氧化沟系统。曝气机向混合液提供足够的溶解氧(DO)。在这种充分掺氧的条件下，含有微生物的活性污泥得到足够的溶解氧来去除BOD；同时，氨也被氧化成硝酸盐和亚硝酸盐，此时，混合液处于有氧状态。在曝气机下游，微生物在氧化过程消耗了水中溶解氧，直到DO值降为零，混合液呈缺氧状态，即“好氧-厌氧-好氧-厌氧”交替交换。经过缺氧区的反硝化作用，混合液进入有氧区，完成一次循环。该系统中，硝化作用和反硝化作用发生在同一池中，达到同时去除BOD和氮磷的效果。

3. 流程概述

(1) 粗格栅及提升泵房的工艺流程

待处理的污水首先进入粗格栅，粗格栅将污水中大块污物拦截下来，防止堵塞后续单元的机泵和工艺管道。经粗格栅处理的污水进入提升泵房，提升泵将进水提升至后续处理单元所要求的高度，使其实现重力自流，提升泵房出来的流水可进入细格栅，也可分流至事故池。

(2) 事故池的工艺流程

事故池能起到分流的作用，如果来水超过系统所要求的负荷，可以打开进事故池进水阀门，将一部分来水分流至事故池，以减缓来水负荷太大而造成的对生化系统的冲击。

(3)细格栅及平流沉砂池的工艺流程

流水由提升泵流经细格栅进入平流沉砂池，在平流沉砂池中，在重力的作用下，部分大颗粒的悬浮颗粒SS从污水中沉淀分离出来，沉砂池出水由重力自流进入初沉池。

(4) 辐流式初沉池的工艺流程

来自沉砂池的污水进入初沉池，在初沉池中通过物理沉降，去除40%的SS、25%的BOD_5和30%的COD_{Cr}。初沉池出水进入氧化沟进行生物处理。

(5) 氧化沟的工艺流程

经初沉池处理的污水由重力自流进入氧化沟，去除80%~90%的BOD_5、70%~80%的COD、80%~90%的NH_3-N。

(6) 二沉池的工艺流程

经氧化沟处理的污水由重力自流进入二沉池，在二沉池中实现泥水分离，上清液经二沉池出口闸阀排放，剩余污泥排到污泥回流井。

(7) 回流井的工艺流程

来自二沉池的污泥在回流井中部分经提升泵回流至氧化沟，部分经提升泵排放到浓缩池进行浓缩处理。

(8) 浓缩池的工艺流程

来自回流井和初沉池的污泥在浓缩池中进行浓缩，剩余水经重力自流至粗格栅入口，污泥由提升泵送至脱水机房。

(9) 脱水机房的工艺流程

来自浓缩池的污泥在脱水机房中进行脱水、稳定处理和最终处置，滤饼排放，剩余水经重力自流至粗格栅入口。

7.2.2 主要设备及操作工艺指标

1. 主要调节器、仪表

(1) 主要显示仪表(表7.4)

表7.4 主要显示仪表

序号	位号	名称	说明
1	FI101	污水来源流量计	正常值3000m^3/d，事故值4000m^3/d
2	FI102	沉砂池出水流量计(初沉池进水流量计)	正常值3000m^3/d
3	FI103	初沉池出水流量计(氧化沟进水流量计)	正常值2000m^3/d，最大值4000m^3/d
4	FI104	氧化沟出水流量计(二沉池进水流量计)	正常值2000m^3/d
5	FI105	二沉池出水流量计	正常值1200m^3/d，随二沉池液面升高而增加
6	FI105	二沉池排泥流量计	间歇操作，最大3000m^3/d
7	FI106	污泥回流井排泥流量计	间歇操作，最大3000m^3/d
8	FI107	污泥回流井回流流量计	间歇操作，最大3000m^3/d
9	LI101	粗格栅液位	单位为m，设计最大为10m，实际最大7m
10	LI102A	初沉池液位	单位为m，设计最大为4m，实际最大4m
11	LI102B	初沉池泥面位	单位为m，设计最大为4m，实际最大4m
12	LI103A	二沉池液位	单位为m，设计最大为4m，实际最大4m
13	LI103B	二沉池泥面位	单位为m，设计最大为4m，实际最大4m
14	AI1101	污水源BOD值	正常值：140mg/L，暂无相关事故值

续表

序号	位号	名　　称	说　　明
15	AI1102	初沉池出口 BOD 值	正常值：50mg/L，暂无相关事故值
16	AI1103	氧化沟出口 BOD 值	正常值：15mg/L，暂无相关事故值
17	AI1104	二沉池出水 BOD 值	正常值：15mg/L，暂无相关事故值
18	AI1201	污水源 COD 值	正常值：350mg/L，事故值 680mg/L
19	A1202	初沉池出口 COD 值	正常值：245mg/L，暂无相关事故值
20	AI1203	氧化沟出口 COD 值	正常值：49~70mg/L，事故值>75mg/L
21	AI1204	二沉池出口 COD 值	正常值：49~70mg/L，事故值>75mg/L
22	AI1301	污水源固体悬浮物值	正常值：200mg/L，事故值 300mg/L
23	AI1302	初沉池固体悬浮物值	正常值：120mg/L，事故值 180mg/L
24	AI1303	氧化沟固体悬浮物值	正常值：120mg/L，事故值 180mg/L
25	AI1304	二沉池出水固体悬浮物值	正常值：30mg/L，事故值≥40mg/L
26	AI1401	污水源 NH_3-N 值	正常值：30mg/L，暂无事故值
27	AI1402	初沉池 NH_3-N 值	正常值：30mg/L，暂无事故值
28	AI1403	氧化沟出水 NH_3-N 值	正常值：3~6mg/L，暂无事故值
29	AI1404	氧化沟出水 NH_3-N 值	正常值：3~6mg/L，暂无事故值
30	AI1501	污水源 pH 值	7
31	II101	氧化沟曝气刷 1 的电流	高档值 16.8A，低档值 19.3A
32	II102	氧化沟曝气刷 2 的电流	高档值 16.8A，低档值 19.3A
33	II103	氧化沟曝气刷 3 的电流	高档值 16.8A，低档值 19.3A
34	II104	氧化沟曝气刷 4 的电流	高档值 16.8A，低档值 19.3A

(2) 主要设备(表 7.5)

表 7.5　主要设备

序号	位号	名　　称	说　　明
1	S101	回转式粗格栅	去除污水大颗粒杂质
2	S102	回转式细格栅	去除污水较小颗粒杂质
3	S103	Carrousel 氧化沟	去除有机物，净化水质
4	S104	初沉池	去除固体悬浮物
5	S105	二沉池	分离活性污泥和处理水
6	S106	沉砂池	去除较小的沙粒
7	S107	污泥浓缩池	对回流井沉积的污泥进行浓缩
8	S108	污泥回流井	将来自二沉池的污泥回流至氧化沟，循环利用
9	S109	污泥脱水机房	对污泥进行脱水处理
10	S110	事故池	对来水起分流的作用

(3) 主要泵类设备(表 7.6)

表 7.6　主要泵类设备

序号	位号	名　　称	说　　明
1	P101A/B	泵房提升泵两个	为经粗格栅过滤的污水提供压力，使之进入沉砂池
2	P102A/B	污泥回流井回流泵	为循环的污泥提供动力，使之回到氧化沟
3	P103A/B	污泥回流井污泥泵	为去浓缩池的污泥提供动力，使之到污泥浓缩池
4	P104A/B	污泥浓缩池污泥泵	为去脱水机房的污泥提供动力，使之到脱水机房
5	P105	吸式排砂机	沉砂池刮渣机
6	P106	初沉池周边转动刮泥机	初沉池刮泥机，清除初沉池累计的污泥
7	P107	氧化沟水下推进器	为氧化沟内物质充分混合提供动力
8	P108	二沉池刮泥机	二沉池刮泥机，清除二沉池累计的污泥
9	P109	浓缩池刮泥机	浓缩池刮泥机，清除浓缩池累计的污泥
10	P110A/B/C/D	曝气转刷	氧化沟的四个曝气转刷
11	P111	凝絮剂加药系统计量泵	脱水机房加药系统的计量泵

7.2.3　冷态开车

1. 开车准备

开工前全面大检查、处理完毕，设备处于良好的备用状态。

2. 冷态开车

(1) 粗格栅和提升泵房岗位

① 打开粗格栅入口现场阀 V100(图 7.6)，保证进水流量达到正常流量 2500m^3/d 左右；

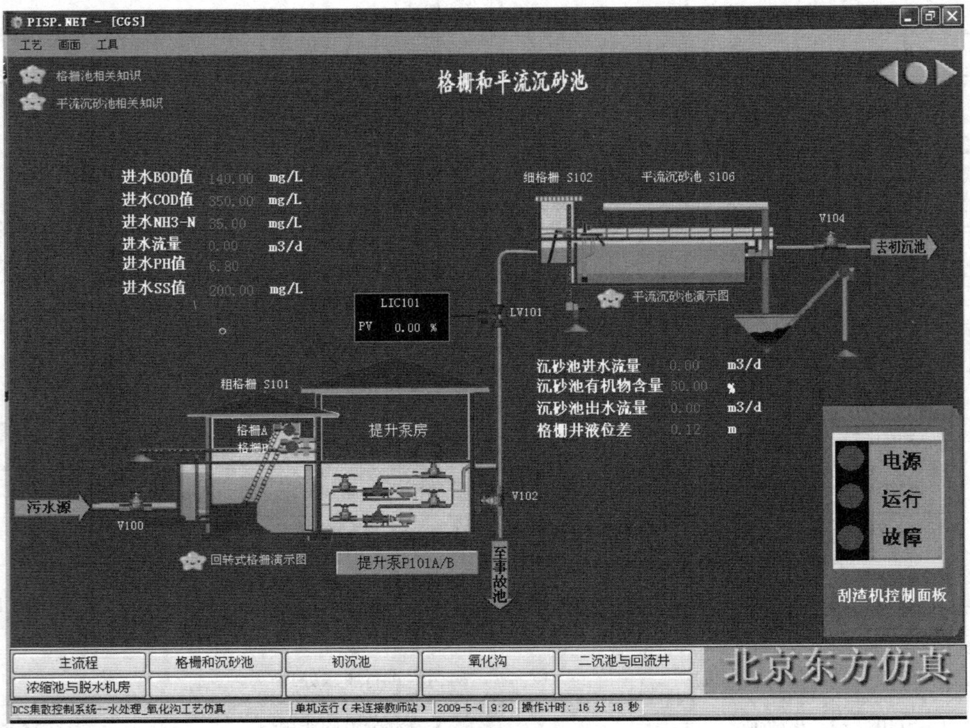

图 7.6　格栅和平流沉砂池

② 进水流量稳定在2200~3000m³/d之间后启动粗格栅A，或者启动格栅B；

③ 观察格栅间液位控制器LIC101的显示值，接近50%时，依次启动提升泵A/B电源（图7.7）、提升泵A/B前阀、开关、后阀，然后将泵房出口液位控制器LIC101设置自动状态；

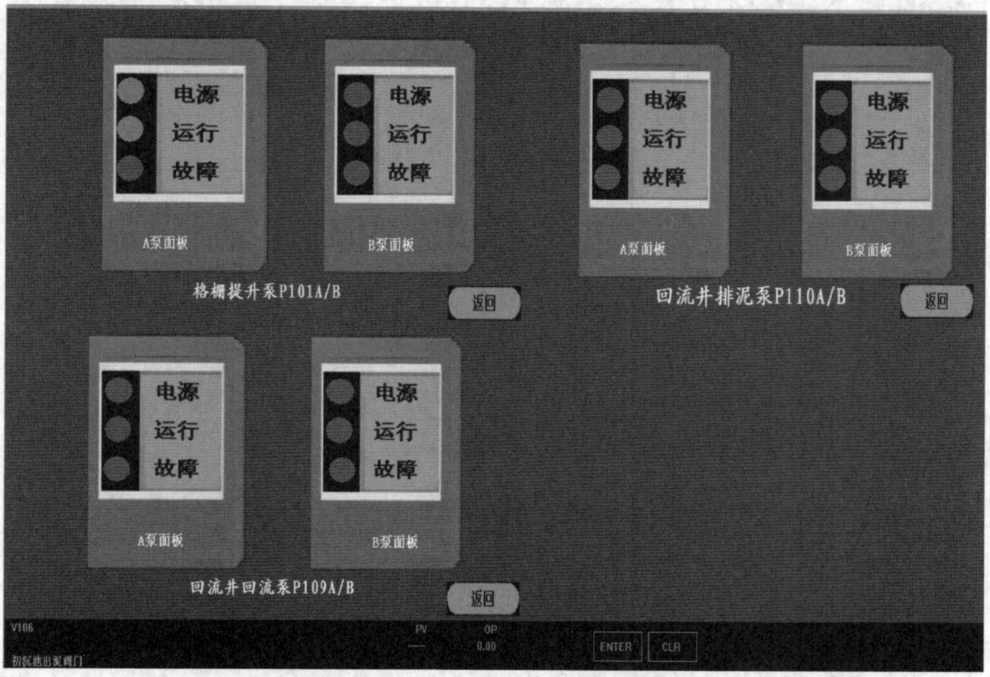

图7.7

④ 保证泵房液位稳定在50%左右。

（2）细格栅和平流沉砂池岗位

① 待沉砂池进口流量达到2000~3000m³/d后开平流沉砂池出口闸阀V104；

② 打开平流沉砂池刮渣机电源并启动刮渣机。

（3）初沉池岗位

① 打开初沉池刮泥机电源并启动刮泥机（图7.8）；

② 开初沉池出口排水闸阀V105。

（4）氧化沟岗位

① 待氧化沟有进水后打开曝气刷的电源开关及自动开关（图7.9），使曝气刷处于自动运行状态；

② 启动氧化沟水下推进器（图7.10）；

③ 待氧化沟液位达到溢流堰（6.0m）后开氧化沟出口闸阀V107并调节V107开度，使得二沉池入口流量达到2500m³/d左右。

（5）二沉池与回流井岗位

① 当二沉池泥面液位积累到一定高度时，开二沉池出口排泥阀门V108B并调整V108B，保证二沉池排泥量在850m³/d（图7.11）；

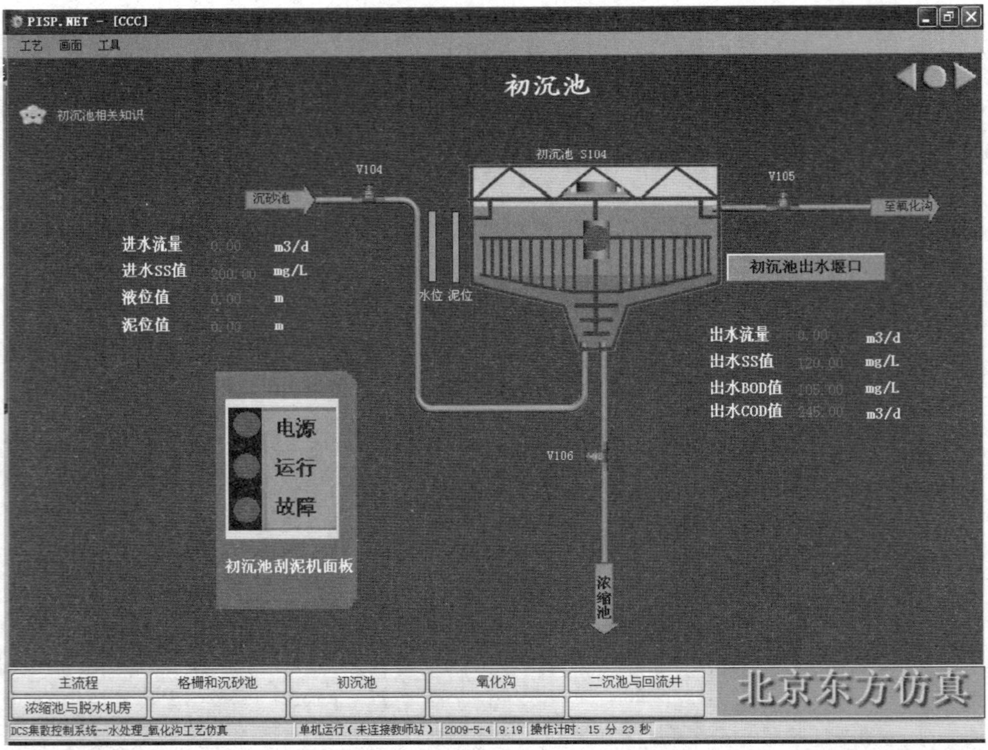

图 7.8 初沉池

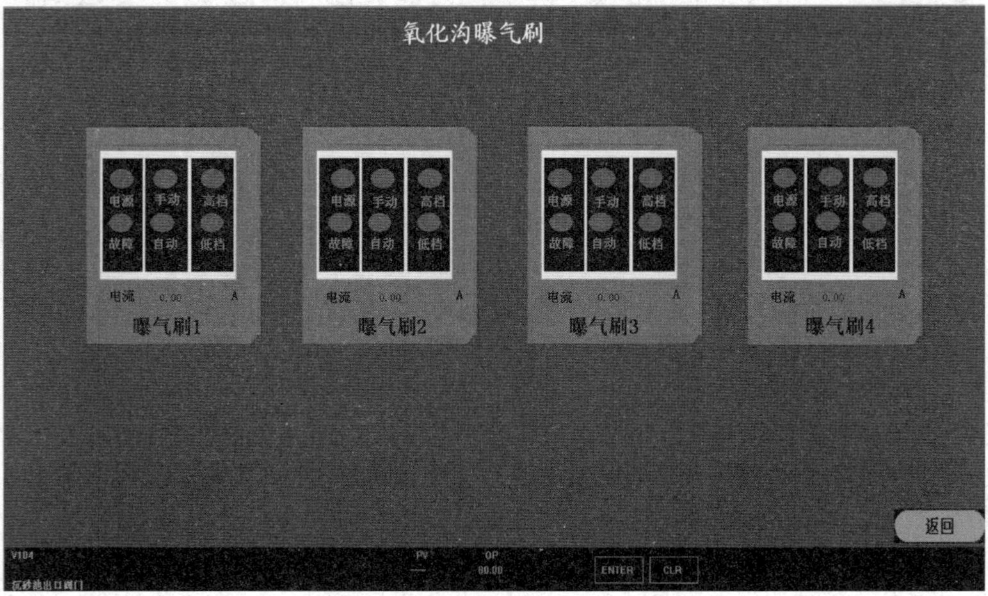

图 7.9 氧化沟曝气刷

② 打开二沉池出口排水阀门 V108A 并调整阀 V108A，保证二沉池排水量在 2500m^3/d；

③ 开启氧化沟提升泵前阀；

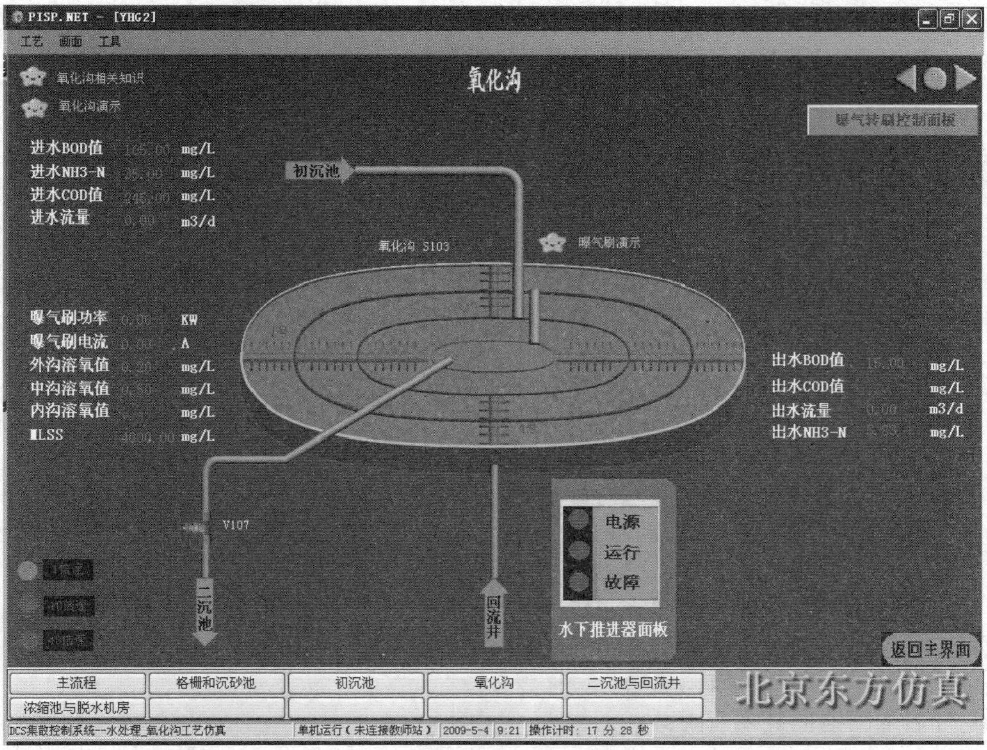

图 7.10 氧化沟

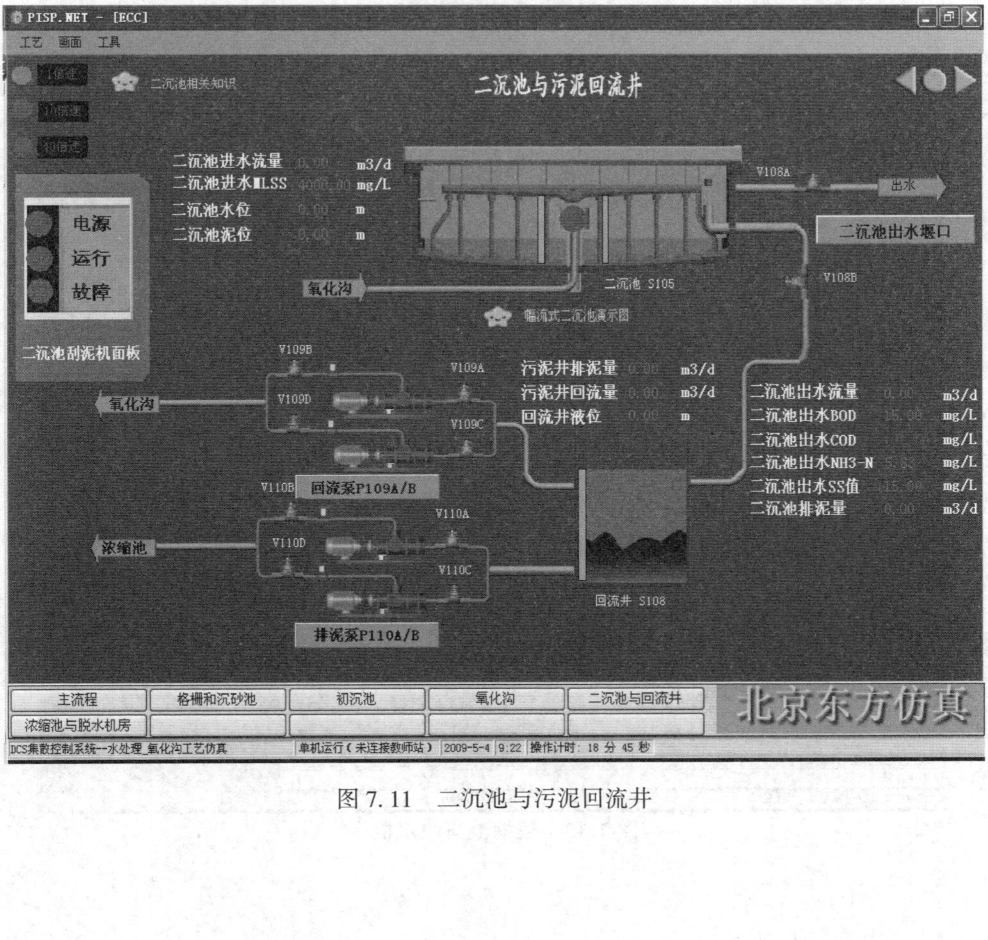

图 7.11 二沉池与污泥回流井

④ 启动去氧化沟提升泵(图 7.12)；

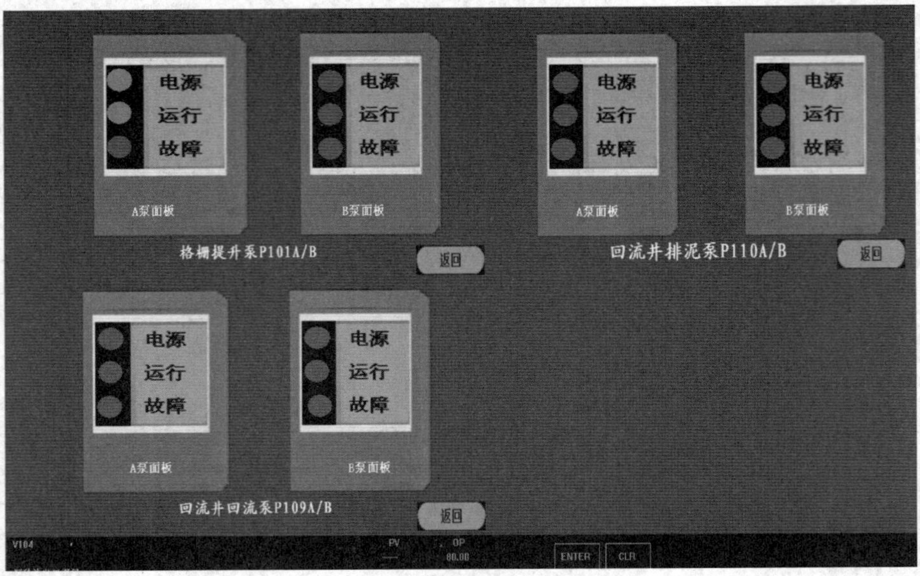

图 7.12

⑤ 开启氧化沟提升泵后截止阀；

⑥ 开启浓缩池提升泵前阀；

⑦ 启动去浓缩池提升泵；

⑧ 开启浓缩池提升泵后截止阀。

(6)浓缩池岗位

① 启动浓缩池刮泥机(图 7.13、图 7.14)；

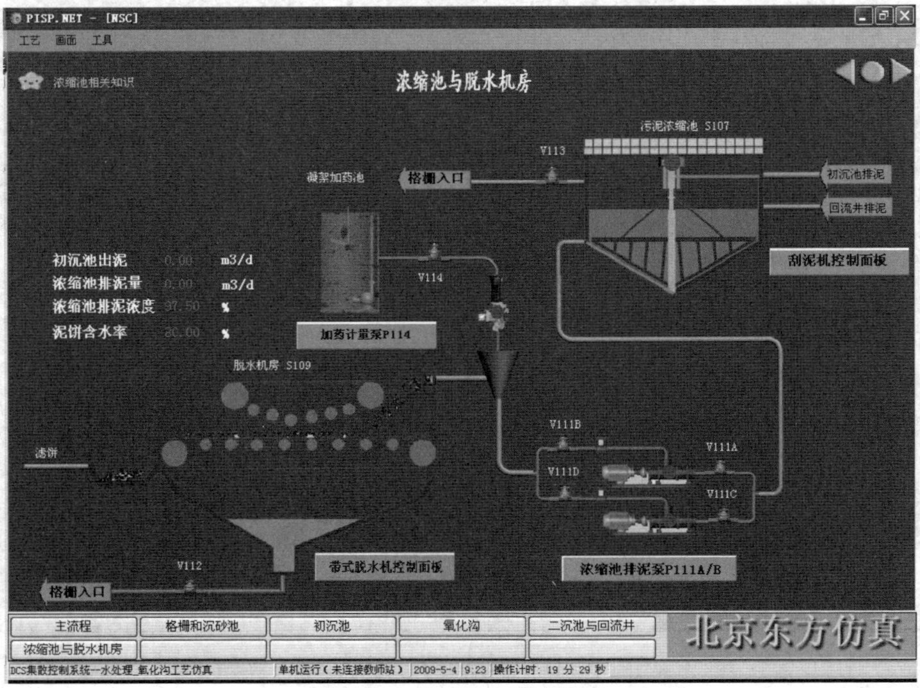

图 7.13 浓缩池与脱水机房

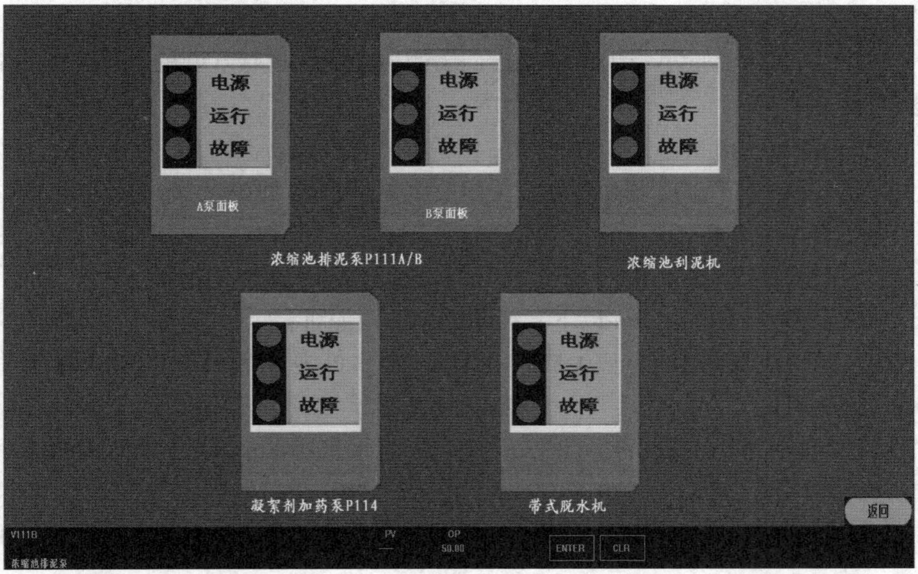

图 7.14

② 开浓缩池后提升泵前阀，启动浓缩池后提升泵，开浓缩池后提升泵后截止阀，输送污泥入脱水机房。

(7) 脱水机房岗位

① 开凝絮剂加药池加药泵、凝絮剂加药池加药阀 V114；

② 启动脱水机房离心脱水机。

7.2.4 装置正常停工过程

停车包括停车准备工作、氧化沟停车、污泥处理设备停车三个阶段。

1. 停车准备工作

(1) 关闭格栅入口阀门 V100；

(2) 将泵房出口液位控制器 LIC101 设置手动状态并将泵房出口液位控制器 LIC301 开度开大，保证泵房中剩余污水继续处理完毕；

(3) 格栅池液位比较低时，关闭格栅 A；

(4) 观察格栅间液位控制器 LIC101 的显示值，低于 10%左右后依次关闭提升泵后阀 V101B，提升泵开关，提升泵前阀最后设置 LIC101 的开度为 0；

(5) 沉砂池出水流量减少到 $200m^3/d$ 左右时，关闭沉砂池出口阀 V104；

(6) 沉砂池出水流量减少到 $210m^3/d$ 左右时，关闭平流沉砂池刮泥机；当初沉池液位值低于 3.1m 时，打开初沉池去浓缩池的阀门 V106；

(7) 当初沉池液位值低于 3m 时，关闭初沉池去氧化沟的阀门 V105；

(8) 开大污泥回流井排泥泵的出口阀开度 V110B，保证排泥量在 $500m^3/d$ 以上；

(9) 观察初沉池液位值低于 0.5m 时，关闭初沉池刮泥机；

(10) 当初沉池液位值低于 0.5m 时，关闭初沉池去浓缩池的阀门 V106。

2. 氧化沟停车

(1) 当氧化沟出水流量小于 $350m^3/d$ 时，关闭污泥回流井的回流泵出口阀 V109B，污泥回流井的回流泵 P109A，入口阀 V109A；

(2) 当氧化沟出水流量小于 350m³/d 后，关闭四个氧化沟曝气刷的电源开关及氧化沟水下推进器电源；

(3) 当氧化沟出水流量小于 350m³/d 后，关闭氧化沟出水阀 V107；

(4) 二沉池液位低于溢流堰高度后，关闭二沉池排水阀 V108A。

3. 污泥处理设备停车

(1) 当二沉池液位降至 1.0m 以下，关闭二沉池排泥阀 V108B；

(2) 当二沉池液位降至 1.0m 以下，关闭二沉池刮泥机；

(3) 当污泥回流井液位低于 0.5m，关闭回流井排泥泵后阀 V110B，回流井排泥泵 P110A，前阀 V110A；

(4) 污泥井排泥量小于 200m³/d 时，关闭污泥脱水机房入口泵 1 后阀 V111B，污泥脱水机房入口泵 1，前阀 V111A；

(5) 浓缩池排泥量小于 100m³/d 时，关闭凝絮剂加药池加药阀 V114，凝絮剂加药池加药泵；

(6) 浓缩池排泥量小于 100m³/d 时，关闭脱水机排水阀 V112。

7.2.5 事故处理

1. 二沉池污泥积累过多

(1) 事故原因

水处理操作时间过长，导致二沉池中污泥积累过多，需要进行排泥操作。

(2) 事故现象

① 二沉池泥面上升；

② 出水的 SS 值超标为 40mg/L；

③ 出水泛黄。

(3) 处理方法

① 开大二沉池排泥阀 V108B(>30%)，使二沉池排泥量增大到 1000m³/d 以上；

② 开大回流井排泥阀 V110B(>30%)，使回流井排泥量增大到 600m³/d 以上，保证回流井排泥顺畅；

③ 等待二沉池出水 SS 值正常，到达 20mg/L 左右；

④ 当 SS 小于 20mg/L 时，调小二沉池排泥阀门 V108B，但是要保证排泥量在 60m³/d 以上；

⑤ 关小回流井排泥阀 V110B(5 左右)，使回流井排泥量在 60m³/d 左右。

2. 初沉池进水 SS 升高

(1) 事故原因

污水源水质发生变化。

(2) 事故现象

① 初沉池进水 SS 升高至 300mg/L；

② 初沉池出水 SS 为 150mg/L。

（3）处理方法

① 关小初沉池进水阀门开度 V104，减少初沉池进水流量到 1260m^3/d 以下，降低初沉池负荷；

② 观察初沉池出水 SS 值<120mg/L。

3. 氧化沟外沟 DO 增高

（1）事故原因

曝气机设置处于高速挡。

（2）事故现象

氧化沟外沟 DO 增高，超过 0.5mg/mL 达到 1.0mg/mL。

（3）处理方法

① 设置两速曝气机，选择需要速度的启动按钮（高速挡、低速挡），这里选择低速挡；

② 观察曝气机 10min，无异常及溶氧正常后完成操作。

4. 氧化沟泡沫问题

（1）事故原因

操作过程中，污泥回流阀门长期开度过大，氧化沟排泥阀门长期过低，造成氧化沟中污泥过多。

（2）事故现象

① 氧化沟表面形成细微的暗褐色泡沫；

② 回流污泥量过大；

③ 污泥负荷低。

（3）处理方法

① 氧化沟表面形成细微的暗褐色泡沫，回流污泥量过大，污泥负荷低，确认其他工艺指标正常；

② 开大二沉池排泥阀 V108B，使得二沉池排泥量在 1800m^3/d 以上；

③ 减少回流污泥阀门 V109B 开度，减少回流污泥量；

④ 开大回流井排泥阀门 V110D 开度，使排泥量达到 800m^3/d；

⑤ 定时观察氧化沟泡沫问题改善；

⑥ 回流井排泥阀门 V110D 开度复位，使排泥量回到 60~150m^3/d。

7.3 SBR 水处理工艺

7.3.1 工艺简介

1. 工艺背景

污水中的污染物质，按化学性质可分为有机物和无机物；按存在形式可分为悬浮状态与溶解状态。悬浮固体（SS）或叫悬浮物，由有机物和无机物组成，故悬浮固体又可以分为挥发性悬浮固体（或叫灼烧减重）和非挥发性悬浮固体（或叫灰分）。把悬浮固体放在马福炉中灼烧（温度为 600℃），所失去的质量称为挥发性悬浮固体；残留的质量称为非挥发性悬浮固体。生活污水中，前者约占70%，后者约占30%。溶解固体(DS)或叫溶解物，也是由有机物与无机物组成。生活污水中的溶解性有机物包括尿素、淀粉、蛋白质、洗涤剂等；溶解性无机物包括无机盐(胺盐、磷酸盐等)，氯化物等。溶解固体的浓度与成分对污水处理方法的选择(如生物处理法，物理-化学处理法等)及处理效果产生直接的影响。

污水的生物物理法包括活性污泥法和生物膜法等。活性污泥处理系统的新工艺包括氧化沟、间歇式活性污泥处理系统(SBR)和AB法等。

2. SBR 工艺原理

间歇式活性污泥法又称为序批式活性污泥法，简称SBR法(Sequencing Batch Reactor)。SBR工艺是一种高效、经济、可靠、适合中小水量污水处理的工艺，尤其是SBR工艺对于污水中氮、磷的去除，有其独到的优势。

SBR工艺系统组成简单，运行工况以间隙操作为主要特征。序列间歇式有两种含义：一是运行操作在空间上是按序列、间歇的方式进行的。由于废水大量连续排放且流量的波动很大，此时间歇反应器(SBR)至少为两个池。废水连续按序列进入每个反应器，它们运行时的相对关系是有次序的，也是间歇的。二是每个SBR反应器的运行操作在时间上也是按次序排列间歇运行的，一般可按运行次序分为5个阶段，其中自进水、反应、沉淀、排水、排泥至闲置期结束为一个运行周期。在一个运行周期中，各个阶段的运行时间、反应器内混合液体积的变化及运行状态等，都可以根据具体的污水性质、出水质量与运行功能要求等灵活掌握。对于某个单一SBR来说，只在时间上进行有效地控制与变换，即能非常灵活达到多种功能的要求。

(1) 进水工序

在污水注入之前，反应器处于5道工序中最后的闲置段，处理后的废水已经排放，器内残存着高浓度的活性污泥混合溶液。污水注入，注满后再进行反应，从这个意义来说，反应器起到调节池的作用，因此，反应器对水质、水量的变动有一定的适应性。

本工序所需要用的时间，则根据实际排水情况和设备条件确定，从工艺效果要求，注入时间以短促为宜，瞬间最好，但这在实际上有时是难以做到的。

(2) 反应工序

这是本工艺最主要的一道工序。污水注入达到预定的高度后，即开始反应操作，根据污水处理的目的，如BOD去除、硝化、磷的吸收以及反硝化等，采取相应的技术措施，如前三项为曝气，后一项则为缓速搅拌，并根据需要达到的程度决定反应延续时间。

在本道工序的后期，进入下一步沉淀之前，还要进行短暂的微量曝气，以吹脱污泥旁的气泡或氮，保证沉淀过程的正常进行，如需要排泥，也在本工序后期进行。

(3) 沉淀工序

本工序相当于活性污泥法连续系统的二次沉淀池。停止曝气和搅拌，使混合液处于静止状态，活性污泥与水分离，由于本工序是静止沉淀，沉淀效果一般良好。

沉淀工序采取的时间基本同二次沉淀池，一般为1.5~2.0h。

(4) 排放工序

经过沉淀后产生的上清液，作为处理水排放，一直到最低水位。在反应器内残留一部分活性污泥，作为种泥。

（5）待机工序（或闲置工序）

在处理水排放后，反应器处于停滞状态，等待下一个操作周期开始的阶段。此工序时间应根据现场具体情况而定。

3. 流程概述

本工艺污水处理量为5000m^3/d，原污水水质见表7.7，处理厂出水水质标准见表7.8。SBR池运行参数见表7.9。

表7.7　原污水水质

水质指标	COD_{Cr}	BOD_5	悬浮物（SS）	氨氮（以N计）	动植物油	pH
浓度/（mg/L）	300	170	110	30	3	6~9

表7.8　处理厂出水水质标准［达到国家二级排放标准（GB 18918—2002）］

水质指标	COD_{Cr}	BOD_5	悬浮物（SS）	氨氮（以N计）	动植物油	pH
浓度/（mg/L）	60	20	20	8（15）	1	6~9

注：括号外数值为水温>12℃时，括号内数值为水温≤12℃时。

表7.9　SBR池运行参数

反应器内BOD容积负荷：0.5kg/（m^3·d）
SVI为90
周期T=6h，一日内周期数n=24/6=4（周期/d）
设池数为　N=3
周期内时间分配
进水时间　T/N=6/3=2.0h
曝气（进水1h后开始）时间　3.0h
静沉时间　1.0h
放水时间　0.5h
待机时间　0.5h
混合液MLSS=4000mg/L
SBR反应池溶解氧：厌氧时DO<0.2mg/L，好氧时DO=2.0~3.0mg/L
污泥负荷：0.12kg BOD/kg MLSS·d
泥龄：20~30d

一级处理包括格栅及提升泵房、沉砂池、调节池和初沉池；二级处理采用SBR工艺。

（1）预处理

原水首先通过粗格栅及提升泵房、事故池、细格栅及沉砂池、调节池、初沉池，去除活性污泥法无法去除的固体悬浮物，并调整pH值在适合活性污泥生化反应的范围内。

（2）SBR处理

原污水流入到间歇式曝气池，按时间顺序依次进行进水→反应→沉淀→出水→待机（闲置）等五个基本过程，然后反复进行。

（3）排泥系统

排出失活污泥，使系统通过排泥维持系统的稳定运行。泥龄参数是排泥是否正常的重要指标。

(4) 污泥处理系统

对污泥进行浓缩、脱水、稳定处理和最终处置以达到减量化、稳定化、无害化以及资源化的目的。

7.3.2 主要设备及操作工艺指标

1. 主要设备(表 7.10)

表 7.10 主要设备

序号	位号	名称	说明
1	S301	回转式粗格栅	去除污水大颗粒杂质
2	S302	回转式细格栅	去除污水较小颗粒杂质
3	S303A/B/C	SBR 池	去除有机物，净化水质
4	S304	初沉池	去除固体悬浮物
5	S306	沉砂池	去除较小的砂粒
6	S307	污泥浓缩池	对回流井沉积的污泥进行浓缩
7	S309	污泥脱水机房	对污泥进行脱水处理
8	S310	事故池	对来水起分流的作用
9	P301C/D	泵房提升泵两个	为经粗格栅过滤的污水提供压力，使之进入沉砂池
10	P311A/B	污泥浓缩池污泥泵	为去脱水机房的污泥提供动力，使之到脱水机房
11	P310A/B	SBR 池污泥泵	为去浓缩池的污泥提供动力，使之到脱水机房
12	P303	吸式排砂机	沉砂池刮渣机
13	P305	初沉池周边转动刮泥机	初沉池刮泥机，清除初沉池累计的污泥
14	P313	浓缩池刮泥机	浓缩池刮泥机，清除浓缩池累计的污泥

2. 主要仪表(表 7.11)

表 7.11 主要仪表

序号	位号	名称	说明
1	FI301	污水来源流量计	正常值 5000m^3/d
2	FI302A	沉砂池入口流量计	正常值 5000m^3/d
3	FI302B	事故池入口流量计	正常值 5000m^3/d
4	FI303	沉砂池出口流量计 (调节池进水流量计)	正常值 5000m^3/d
5	FI304	调节池出水流量计	正常值 5000m^3/d
6	FI305	初沉池出水流量计 (氧化沟进水流量计)	正常值 5000m^3/d
7	FI307A/B/C	SBR 池入水流量计	正常值 5000m^3/d
8	FI308A/B/C	SBR 池出水流量计	正常值 5000m^3/d
9	FI309A/B/C	SBR 池排泥流量计	间歇操作，最大 3000 m^3/d
10	FI310	浓缩池进泥流量	间歇操作，最大 10000 m^3/d

续表

序号	位 号	名 称	说 明
11	FI314	集水井入口流量计	间歇操作，最大10000 m^3/d
12	FI315	集水井出口流量计	间歇操作，最大10000 m^3/d
13	FI320	出水井出口流量计	间歇操作，最大10000 m^3/d
14	LI301A	粗格栅液位	单位为m，设计最大为10m，实际最大7m
15	LI301C	粗格栅液位差	单位为m
16	LI304A	调节池液位	单位为m，设计最大为4m，实际最大4m
17	LI305A	初沉池液位	单位为m，设计最大为4m，实际最大4m
18	LI305B	初沉池泥	单位为m，设计最大为4m，实际最大4m
19	LI307A/B/C	SBR池水面位	单位为m，设计最大为4m，实际最大4m
20	LI303/B/C	SBR池泥面位	单位为m，设计最大为4m，实际最大4m
21	LI310	浓缩池液位	单位为m，设计最大为4m，实际最大4m
22	LI315	集水井水位	单位为m，设计最大为4m，实际最大4m
23	LI316	消毒池水位	单位为m，设计最大为4m，实际最大4m
24	LI320	出水井水位	单位为m，设计最大为4m，实际最大4m
25	A3101	污水源BOD值	正常值：170mg/L，暂无相关事故值
26	A3501	初沉池出口BOD值	正常值：50mg/L，暂无相关事故值
27	A3706	SBR出口BOD值	正常值：15mg/L，暂无相关事故值
28	A3102	污水源COD值	正常值：300mg/L，事故值680mg/L
29	A3502	初沉池出口COD值	正常值：245mg/L，暂无相关事故值
30	A3702	SBR出口COD值	正常值：49~70mg/L，事故值>75mg/L
31	A3109	污水源固体悬浮物值	正常值：200mg/L，事故值300mg/L
32	A3509	初沉池固体悬浮物值	正常值：120mg/L，事故值180mg/L
33	A3709	SBR固体悬浮物值	正常值：120mg/L，事故值180mg/L
34	A3A09	出水井固体悬浮物值	正常值：30mg/L，事故值≥40mg/L
35	A3104	污水源 NH_3-N值	正常值：30mg/L，暂无事故值
36	A3504	初沉池 NH_3-N值	正常值：30mg/L，暂无事故值
37	A3A04	消毒池出水 NH_3-N值	正常值：3~6mg/L，暂无事故值
38	A3105	污水源pH值	7
39	PI3501A	1号鼓风机电压	380V
40	PI3501B	2号鼓风机电压	380V
41	PI3501C	3号鼓风机电压	380V
42	II3501A	1号鼓风机电流	185A
43	II3501B	2号鼓风机电流	185A
44	II3501C	3号鼓风机电流	185A

7.3.3 正常开工

1. 准备工作

开工前全面大检查、处理完毕，设备处于良好的备用状态。

2. 启动格栅和沉砂池

（1）目的

对污水进行预处理，去除活性污泥法无法去除的较大固体悬浮物。

（2）流程

待处理的污水首先进入粗格栅，粗格栅将污水中大块污物拦截下来，防止堵塞后续单元的机泵和工艺管道。经粗格栅处理的污水进入提升泵房，提升泵将进水提升至后续处理单元所要求的高度，使其实现重力自流，提升泵房出来的流水进入细格栅及沉砂池，如图 7.15 所示。

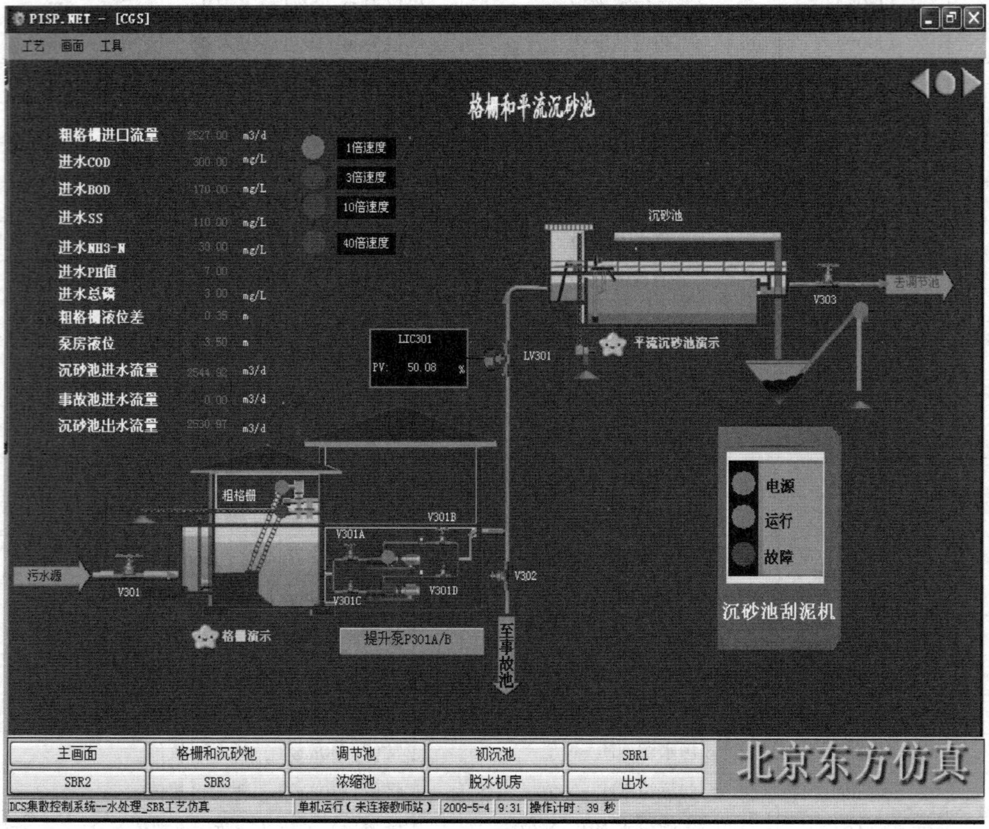

图 7.15 格栅和平流沉砂池

图 7.16 为细格栅和平流沉砂池的工艺流程图，流水由提升泵流经细格栅进入平流沉砂池，在平流沉砂池中，在重力的作用下，部分大颗粒的悬浮颗粒 SS 从污水中沉淀分离出来，沉砂池出水由重力自流进入调节池。

（3）步骤

打开格栅入口阀门 V301，并调整水流量达到正常流量 2500m^3/d 左右；

水流量稳定后启动栅格 A(或 B)；

观察格栅间液位控制器 LIC301 显示值接近 50%时，依次启动提升泵 A 的前阀 V301A、提升泵 A 和后阀 V301B(可对应启动备用泵 B)；

将 LIC301 调为自动，并规定 SP 值为 50%；

打开沉砂池出口阀 V303，调节至出口流量为 2500m^3/d；

启动平流沉砂池刮泥机电源并运行。

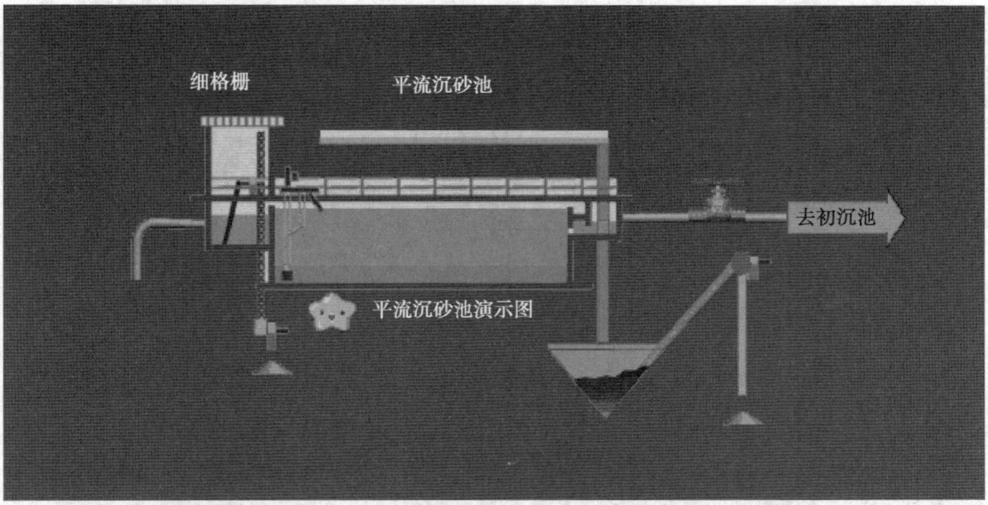

图 7.16　细格栅和平流沉砂池工艺流程图

3. *启动初沉池与调节池*

(1) 目的

再进一步进行处理，除去固体悬浮物，并调整 pH 值在合适活性污泥生化反应的范围内

(2) 流程

调节池的作用是调节水量和水质，如图 7.17 所示。调节池出水进入平流式初沉池。

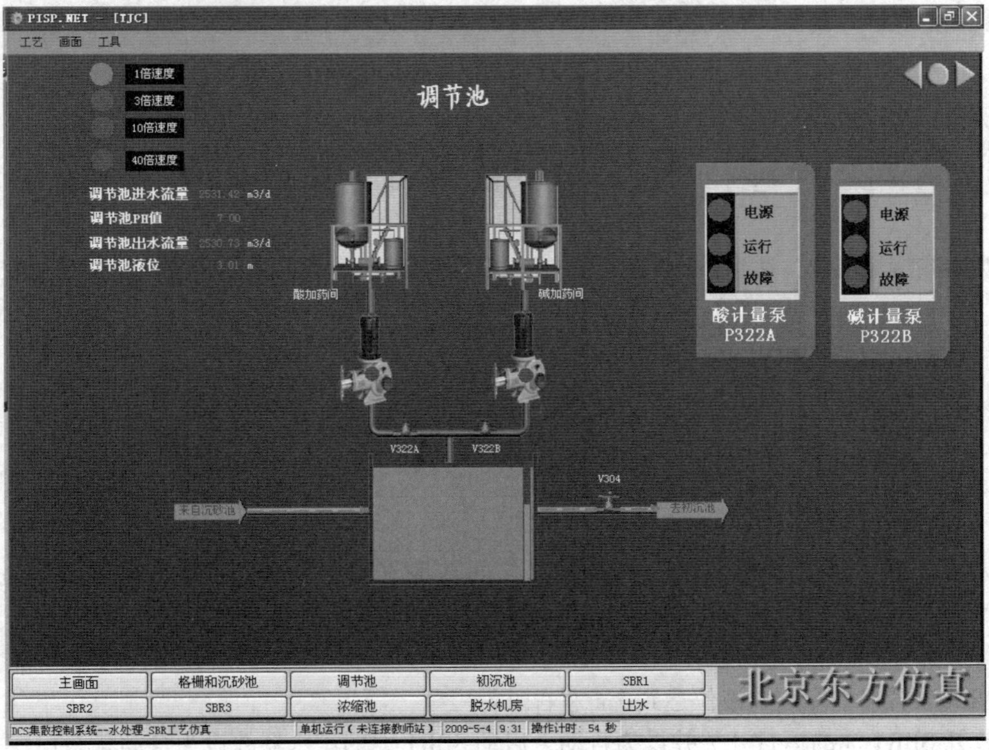

图 7.17　调节池工艺流程图

图 7-18 为初沉池流程图仿真界面，来自调节池的污水进入初沉池，在初沉池中通过物理沉降，去除 40% 的 SS、25% 的 BOD_5 和 30% 的 COD_{Cr}。初沉池出水进入 SBR 池进一步处理。

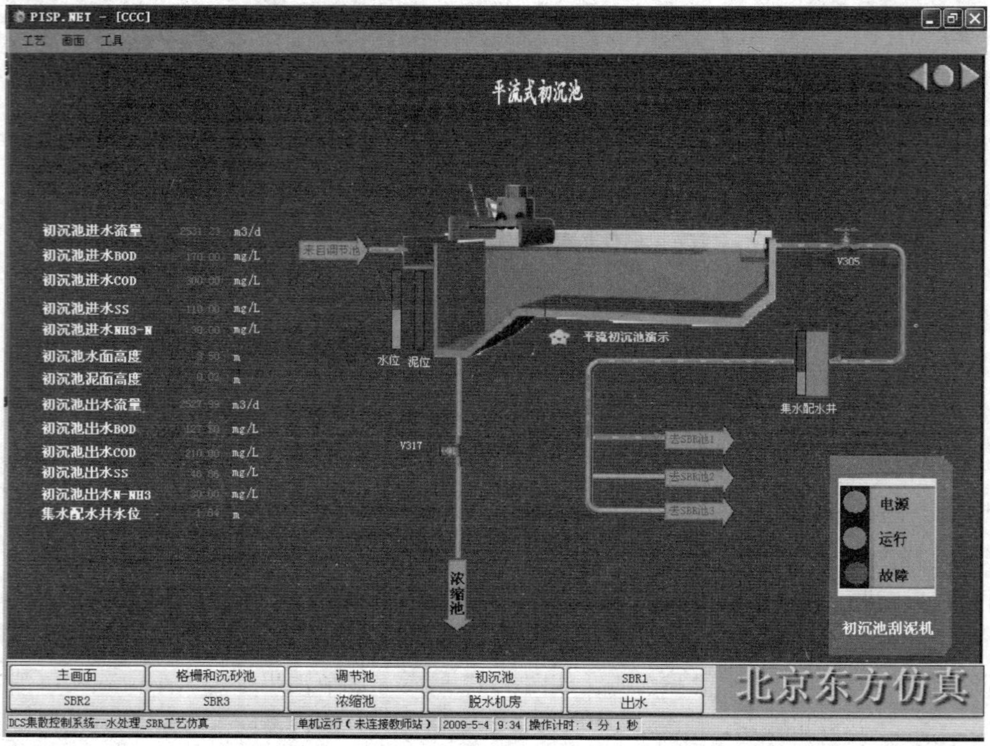

图 7.18 平流式初沉池工艺流程图

（3）操作步骤

观察调节池液位，达到 2m 以上时，打开出口阀 V304，保证稳定时出口流量在 $2500m^3/d$ 左右；

观察初沉池液位，达到 2m 以上时，打开出口阀 V305，保证稳定时出口流量在 $2500m^3/d$ 左右；

启动初沉池刮泥机电源、运行开关。

4. SBR 池启动

（1）目的

原污水流入间歇式曝气池，开始进行反应。

（2）流程

如图 7.19 所示，原污水流入 SBR 池子，间歇地进行水处理。按时间顺序依次进行进水→反应→沉淀→出水→待机（闲置）五个基本过程，然后反复进行。

（3）操作步骤

初沉池后集水配水井液位达到 2m 左右时：

打开 SBR1 池的运行开关并设为自动，启动 SBR1 池的滗水器并设为自动状态；

打开 SBR2 池的运行开关并设为自动，启动 SBR2 池的滗水器并设为自动状态；

打开 SBR3 池的运行开关并设为自动，启动 SBR3 池的滗水器并设为自动状态。

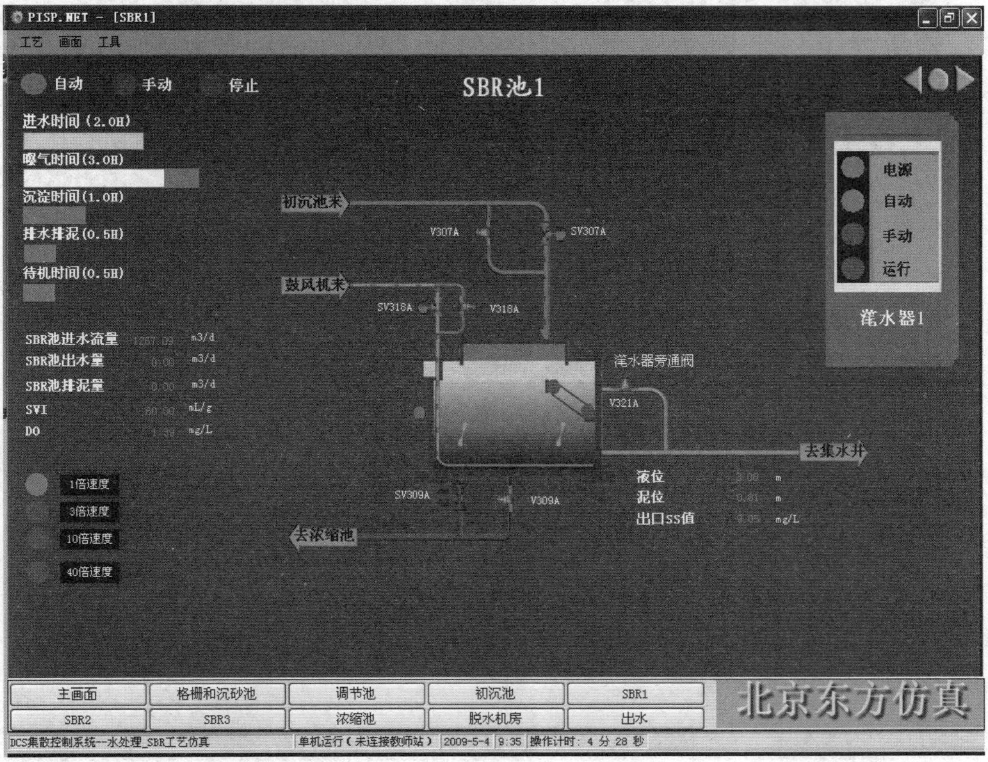

图 7.19　SBR 池工艺流程图

5. 保证后路的畅通

(1) 目的

打开后续阀门，保证水路畅通，进行排水。

(2) 流程

集水井、消毒池、出水井工艺流程图如图 7.20 所示。调节进入消毒池水量，对出水进行消毒杀菌。

(3) 操作步骤

半开阀门 V315，开度不小于 40%，保证排水通畅；

半开阀门 V316，开度不小于 40%，保证排水通畅；

半开出水井出口阀门 V320，开度不小于 40%，保证排水通畅。

7.3.4　正常停工

1. 停工流程

依次对格栅和沉砂池、调节池和初沉池、SBR 池、浓缩池进行停车操作。

2. 操作步骤

(1) 格栅和沉砂池停车

关闭格栅入口阀 V301；

关闭浓缩池上清液排水阀 V313；

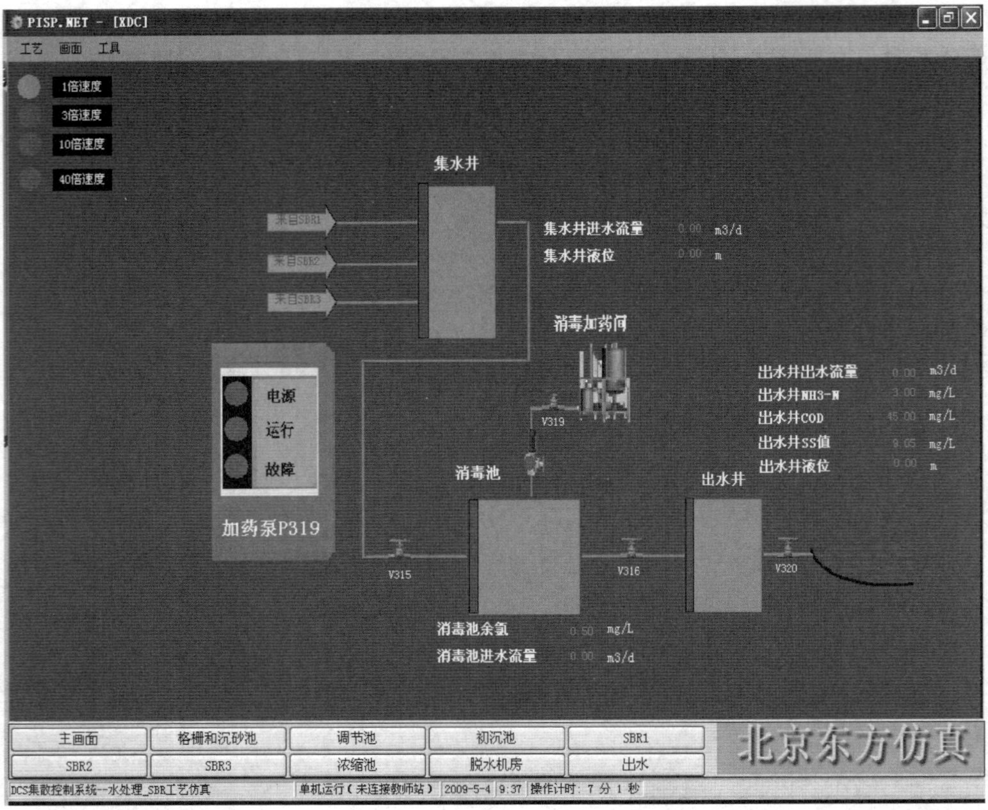

图 7.20　集水井、消毒池、出水井工艺流程图

关闭脱水机排水阀 V312；

关闭格栅 A；

将泵房出口液位控制器 LIC301 设置手动状态，开度开大，至少大于 70%，保证泵房中的水继续流出；

当 LIC301 示数小于 15% 时，依次关闭提升泵 A 后阀 V301B、提升泵 A 电源、前阀 V301A；

沉砂池出水流量小于 1000 时，关闭沉砂池出口阀 V303 及刮泥机电源。

（2）调节池和初沉池停车

观察调节池液位，低于 2.05m 时，关闭出口阀 V304；

观察初沉池液位，低于 2.05m 时，关闭出口阀 V305；

关闭初沉池刮泥机电源。

（3）SBR 池停车

初沉池后集水配水井液位低于 2m 时，观察 SBR 池 1 的运行状态，在运行到待机或者排队状态后，点击停止按钮，结束 SBR 池 1 的运行状态，并关闭相应滗水器；

初沉池后集水配水井液位低于 2m 时，观察 SBR 池 2 的运行状态，在运行到待机或者排队状态后，点击停止按钮，结束 SBR 池 2 的运行状态，并关闭相应滗水器；

初沉池后集水配水井液位低于 2m 时，观察 SBR 池 3 的运行状态，在运行到待机或者排队状态后，点击停止按钮，结束 SBR 池 3 的运行状态，并关闭相应滗水器。

（4）浓缩池停车

关闭 SBR 池排泥泵后阀 V310B；

关闭 SBR 池排泥泵 P310A 的电源；

关闭 SBR 池排泥泵前阀 V310A；

浓缩池液位低于 1.1m 后，依次关闭浓缩池排泥泵后阀 V311B、排泥泵 P311A、前阀 V311A。

7.4　USBR 水处理工艺

7.4.1　工艺简介

1. UASB 工艺原理

UASB 法即上流式厌氧污泥床法（Upflow Anaerobic Sludge Blanket，UASB），已成为应用最广泛的厌氧处理方法，适用于高浓度有机污染物废水处理。

UASB 具有运行费用低、投资省、效果好、耐冲击负荷、适应 pH 值和温度变化、结构简单及便于操作等优点，应用日益广泛。UASB 反应器的特色主要体现在反应器内颗粒污泥的形成，使反应器内的污泥浓度大幅度提高，水力停留时间因此大大缩短，加上 UASB 内设三相分离器而省去了沉淀池，又不需搅拌和填料，从而使结构也趋于简单。

UASB 反应器在运行过程中，废水以一定的流速自反应器的底部进入反应器，水流在反应器中的上升流速一般为 0.5～1.5m/h，宜在 0.6～0.9m/h 之间。水流依次流经污泥床、污泥悬浮层至三相分离器及沉淀区。UASB 反应器中的水流呈推流形式，进水与污泥床及污泥悬浮层中的微生物充分混合接触并进行厌氧分解。厌氧分解过程中产生的沼气在上升过程中将污泥颗粒托起。由于大量气泡的产生，即使在较低的有机负荷和水力负荷的条件下也能看到污泥床明显膨胀。随着反应器产气量的不断增加，由气泡上升所产生的搅拌作用，降低了污泥中夹带气泡的阻力，气体便从污泥床内突发性地逸出，引起污泥床表面呈沸腾和流化状态。反应器中沉淀性能良好的颗粒状污泥则处于反应器的下部，形成高质量浓度的污泥床。随着水流的上升流动，气、水、泥三相混合液（消化液）上升至三相分离器中，气体遇到反射板或挡板后折向集气室而被有效地分离排出。污泥和水进入上部的静止沉淀区，在重力作用下泥水分离。由于三相分离器的作用，使得反应器混合液中的污泥有一个良好的沉淀、分离和絮凝的环境，有利于提高污泥的沉降性能。

反应器中存在高质量浓度的颗粒状的高活性污泥。这种活性污泥是在一定的运行条件下，通过严格控制反应器的水力学特性以及有机污染物负荷，经过一段时间的培养而形成的。

2. 流程概述

本工艺污水处理量为 6000m^3/d，原污水水质见表 7.12，处理厂出水水质标准见表 7.13。SBR 池运行参数见表 7.14。

表 7.12 原污水水质

水质指标	COD_{Cr}	BOD_5	悬浮物(SS)	总磷	pH
浓度/(mg/L)	4000	2500	125	5	6.8

表 7.13 处理厂出水水质标准(达到国家二级排放标准(GB 18918—2002))

水质指标	COD_{Cr}	BOD_5	悬浮物(SS)	总磷	pH
浓度/(mg/L)	150	30	12	1	6~9

表 7.14 UASB 反应器运行参数

反应器内 BOD 容积负荷：8kg/(m^3·d)
UASB 水力停留时间 30h
UASB 厌氧反应器温度 35~37℃
UASB 厌氧反应器污泥浓度 40000mg/L
污泥回流 0.3
脱气器 真空度 660×10^2Pa
SBR 反应器进水 $COD_{Cr}\leq1078$mg/L，SS≤320mg/L，污泥负荷为 0.3kgCOD/(kgMLSS·d)，污泥浓度为 3g/L

一级处理包括格栅及提升泵房、沉砂池、调节池和初沉池；二级处理采用 UASB 升流式厌氧污泥床和 SBR 工艺。

(1) 预处理

原水首先通过粗格栅及提升泵房、事故池、细格栅及沉砂池、调节池、初沉池，去除活性污泥法无法去除的固体悬浮物，并调整 pH 值在适合活性污泥生化反应的范围内。

(2) SBR 处理

原污水流入间歇式曝气池，按时间顺序依次进行进水→反应→沉淀→出水→待机(闲置)等五个基本过程，然后反复进行。

(3) 排泥系统

排出失活污泥，使系统通过排泥维持系统的稳定运行。泥龄参数是排泥正常与否的重要指标。

(4) 污泥处理系统

对污泥进行浓缩、脱水、稳定处理和最终处置以达到减量化、稳定化、无害化以及资源化的目的。

7.4.2 主要设备及操作工艺指标

1. 主要设备(表 7.15)

表 7.15 主要设备

序号	位号	名称	说明
1	S501	回转式粗格栅	去除污水大颗粒杂质
2	S502	回转式细格栅	去除污水较小颗粒杂质
3	S503A/B/C/D	SBR 池	去除有机物，净化水质

续表

序　号	位　号	名　称	说　明
4	S504	初沉池	去除固体悬浮物
5	S506	沉砂池	去除较小的砂粒
6	S507	污泥浓缩池	对回流井沉积的污泥进行浓缩
7	S509	污泥脱水机房	对污泥进行脱水处理
8	D510	事故池	对来水起分流的作用
9	S511A/B	UASB反应器	去除有机物，净化水质
10	S512	调节池	调整pH值
11	D501	配水井1	暂存缓冲
12	D502	配水井2	暂存缓冲
13	D503	集水井	暂存缓冲
14	D504	冲洗池	暂存缓冲
15	D505	消毒池	消毒出水
16	P501C/D	泵房提升泵两个	为经粗格栅过滤的污水提供压力，使之进入沉砂池
17	P511A/B	污泥浓缩池污泥泵	为去脱水机房的污泥提供动力，使之到脱水机房
18	P510A/B	SBR池污泥泵	为去浓缩池的污泥提供动力，使之到脱水机房
19	P503	吸式排砂机	沉砂池刮渣机
20	P505	初沉池周边转动刮泥机	初沉池刮泥机，清除初沉池累计的污泥
21	P513	浓缩池刮泥机	浓缩池刮泥机，清除浓缩池累计的污泥

2. 主要仪表及操作工艺指标(表7.16)

表7.16　主要仪表

序号	位　号	名　称	说　明
1	FI501	污水来源流量计	正常值5000m³/d
2	FI502A	沉砂池入口流量计	正常值5000m³/d
3	FI502B	事故池入口流量计	正常值5000m³/d
4	FI503	沉砂池出口流量计（调节池进水流量计）	正常值5000m³/d
5	FI504	调节池出水流量计	正常值5000m³/d
6	FI505	初沉池出水流量计（氧化沟进水流量计）	正常值5000m³/d
7	FI507A/B/C	SBR池入水流量计	正常值5000m³/d
8	FI508A/B/C	SBR池出水流量计	正常值5000m³/d
9	FI509A/B/C	SBR池排泥流量计	间歇操作，最大3000m³/d
10	FI510	浓缩池进泥流量	间歇操作，最大10000m³/d
11	FI514	集水井入口流量计	间歇操作，最大10000m³/d

续表

序号	位　号	名　　称	说　　明
12	FI515	集水井出口流量计	间歇操作，最大 $10000m^3/d$
13	FI520	出水井出口流量计	间歇操作，最大 $10000m^3/d$
14	LI501A	粗格栅液位	单位为 m，设计最大为 10m，实际最大 7m
15	LI501C	粗格栅液位差	单位为 m
16	LI504A	调节池液位	单位为 m，设计最大为 4m，实际最大 4m
17	LI505A	初沉池液位	单位为 m，设计最大为 4m，实际最大 4m
18	LI505B	初沉池泥	单位为 m，设计最大为 4m，实际最大 4m
19	LI507A/B/C	SBR 池水面位	单位为 m，设计最大为 4m，实际最大 4m
20	LI503/B/C	SBR 池泥面位	单位为 m，设计最大为 4m，实际最大 4m
21	LI510	浓缩池液位	单位为 m，设计最大为 4m，实际最大 4m
22	LI515	集水井水位	单位为 m，设计最大为 4m，实际最大 4m
23	LI516	消毒池水位	单位为 m，设计最大为 4m，实际最大 4m
24	A5101	污水源 BOD 值	正常值：170mg/L，暂无相关事故值
25	A5501	初沉池出口 BOD 值	正常值：50mg/L，暂无相关事故值
26	A5706	SBR 出口 BOD 值	正常值：15mg/L，暂无相关事故值
27	A5102	污水源 COD 值	正常值：300mg/L，事故值 680mg/L
28	A5502	初沉池出口 COD 值	正常值：245mg/L，暂无相关事故值
29	A5702	SBR 出口 COD 值	正常值：49~70mg/L，事故值>75mg/L
30	A5109	污水源固体悬浮物值	正常值：200mg/L，事故值 300mg/L
31	A5509	初沉池固体悬浮物值	正常值：120mg/L，事故值 180mg/L
32	A5709	SBR 固体悬浮物值	正常值：120mg/L，事故值 180mg/L
33	A5A09	出水井固体悬浮物值	正常值：30mg/L，事故值≥40mg/L
34	A5104	污水源 NH_3-N 值	正常值：30mg/L，暂无事故值
35	A5504	初沉池 NH_3-N 值	正常值：30mg/L，暂无事故值
36	A5A04	消毒池出水 NH_3-N 值	正常值：3~6mg/L，暂无事故值
37	A5105	污水源 pH 值	7
38	PI5501A	1 号鼓风机电压	380V
39	PI5501B	2 号鼓风机电压	380V
40	PI5501C	3 号鼓风机电压	380V
41	II5501A	1 号鼓风机电流	185A
42	II5501B	2 号鼓风机电流	185A
43	II5501C	3 号鼓风机电流	185A

7.4.3 正常开工

1. 准备工作

开工前全面大检查、处理完毕，设备处于良好的备用状态。

2. 启动格栅、沉砂池和调节池

(1) 目的

对污水进行预处理，去除活性污泥法无法去除的较大固体悬浮物，并对水质进行改性，使其水质达到后续反应要求。

(2) 流程

待处理的污水首先进入粗格栅，粗格栅将污水中大块污物拦截下来，防止堵塞后续单元的机泵和工艺管道。经粗格栅处理的污水进入提升泵房，提升泵将进水提升至后续处理单元所要求的高度，使其实现重力自流，提升泵房出来的流水进入细格栅及沉砂池，如图 7.21 所示。

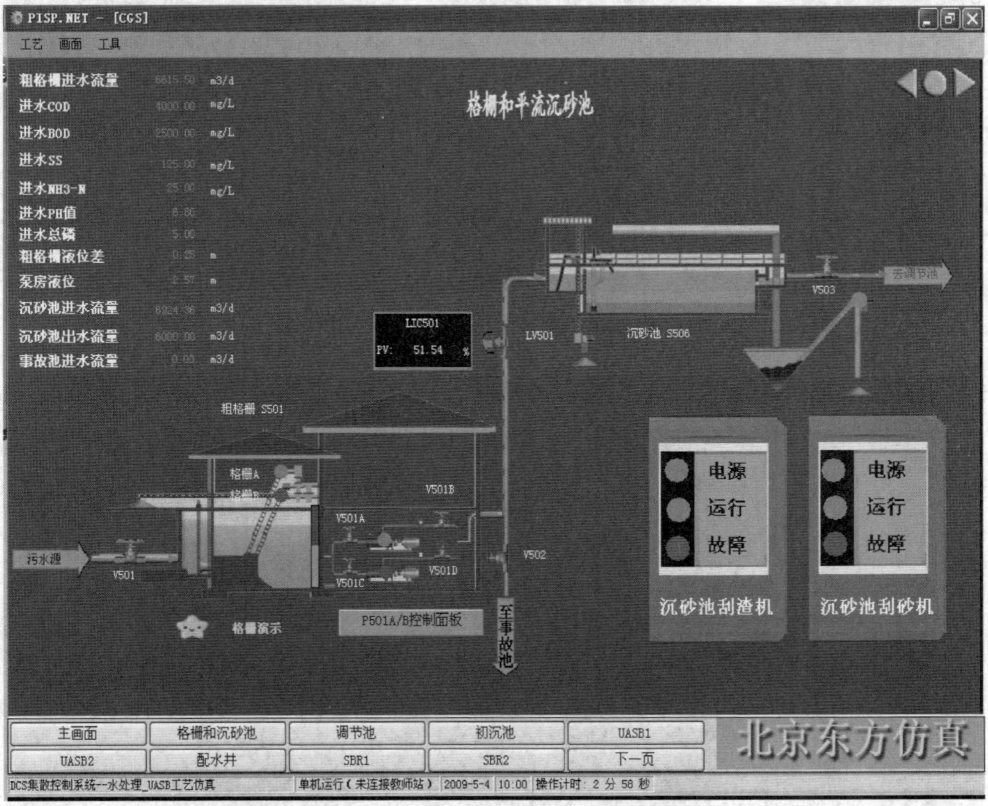

图 7.21 格栅和平流沉砂池工艺流程

图 7.22 为细格栅和平流沉砂池的工艺流程图，流水由提升泵流经细格栅进入平流沉砂池，在平流沉砂池中，在重力的作用下，部分大颗粒的悬浮颗粒 SS 从污水中沉淀分离出来，沉砂池出水由重力自流进入调节池。

自沉砂池的出水流入调节池，调节池的作用是调节水量和水质，调节池出水进入平流式初沉池，如图 7.23 所示。

(3) 步骤

打开格栅入口阀 V501，并启动栅格 A，调整水流量达到正常流量 6000m^3/d 左右；

观察格栅间液位控制器 LIC501 显示值接近 50%时，依次启动提升泵 A 的前阀 V501A、提升泵 A 和后阀 V501B(可对应启动备用泵 B)；

将 LIC501 调为自动，并规定 SP 值为 50%，保证泵房液位稳定；

打开沉砂池出口阀 V503，调节至出口流量为 $6000m^3/d$；

启动平流沉砂池刮渣机、刮砂机电源并运行；

观察调节池液位，达到 2m 以上时，打开出口阀 V504，保证出口流量为 $6000m^3/d$ 左右。

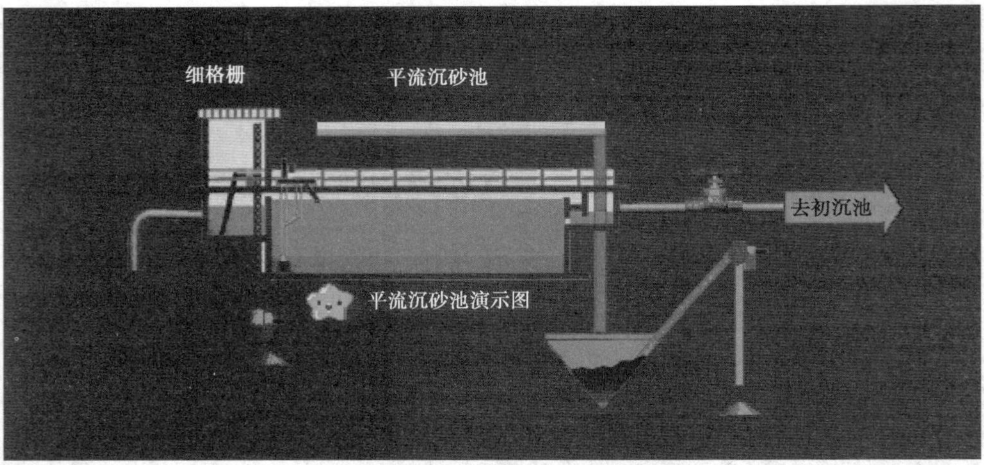

图 7.22　细格栅和平流沉砂池工艺流程图

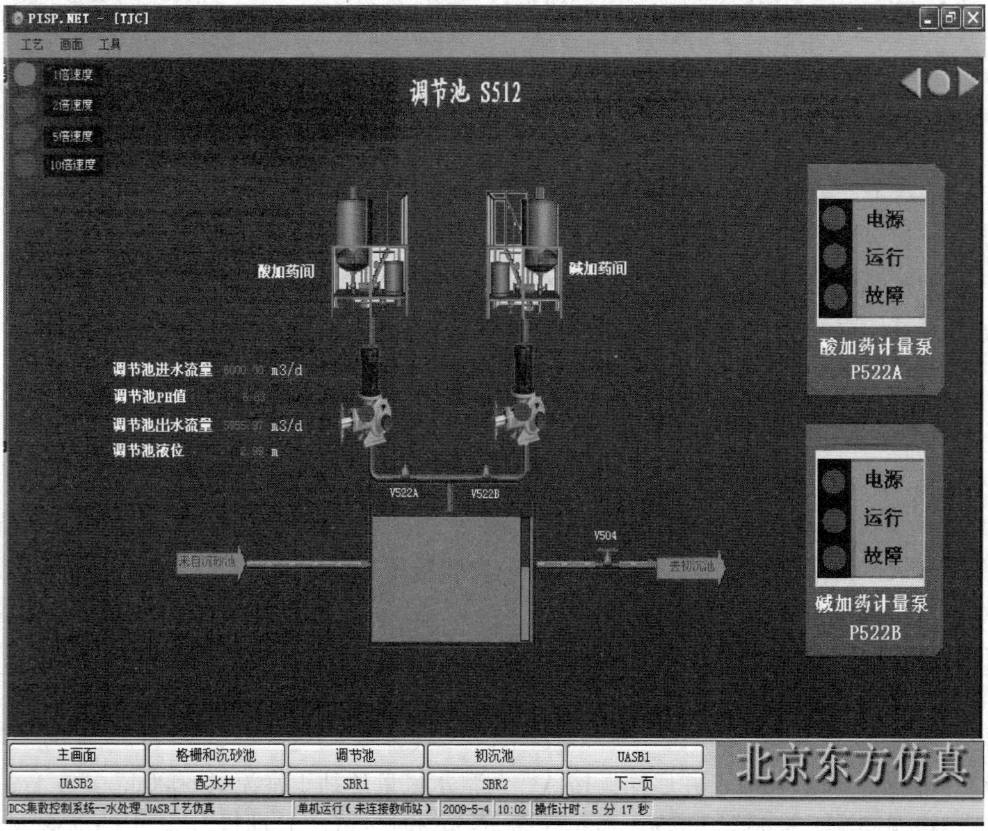

图 7.23　调节池工艺流程图

3. 启动初沉池与 UASB 反应池

(1) 目的

再进一步进行处理，除去固体悬浮物，然后进行反应。

(2) 流程

图 7.24 为初沉池流程图仿真界面，来自沉砂池的污水进入初沉池，在初沉池中通过物理沉降，去除 40%的 SS、25%的 BOD_5 和 30%的 COD_{Cr}。

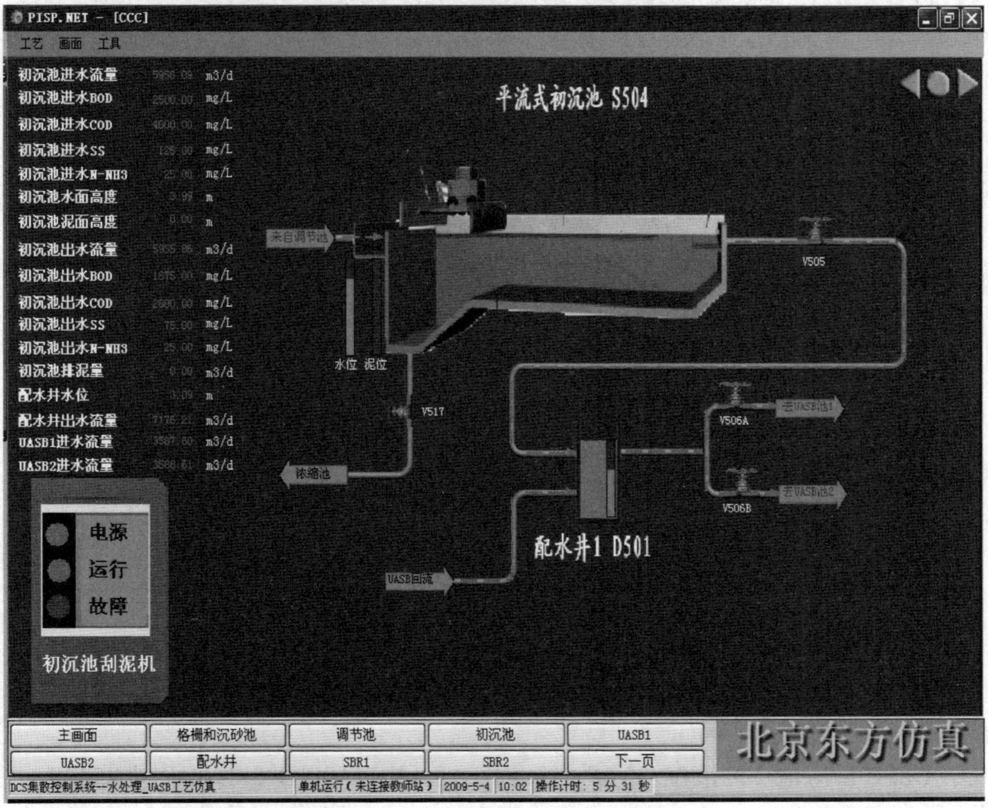

图 7.24 平流式初沉池工艺流程图

图 7.25 为 UASB 池工艺流程图，自初沉池的出水进入 UASB 反应系统，该系统包括以下几部分。

进水配水系统：将进入反应器的原废水均匀地分配到反应器整个断面，并均匀上升，起到水力搅拌的作用。

反应区：升流式厌氧污泥床的主要部位。

三相分离器：将气、固、液三相进行分离。

气室：功能是收集产生的沼气。

处理水排水系统：将沉淀去水面上的处理水，均匀地加以收集，并将其排出反应器。

(3) 操作步骤

启动初沉池刮泥机电源并运行；

初沉池液位达到 3m 以上时，打开出口阀 V505，保证出口流量在 $6000m^3/d$；

观察配水井 D501 液位，达到 2.5m 时，分别打开通向 UASB 池 1、UASB 池 2 的阀门

V506A、V506B 并保证稳定时，流量在 3000m³/d；

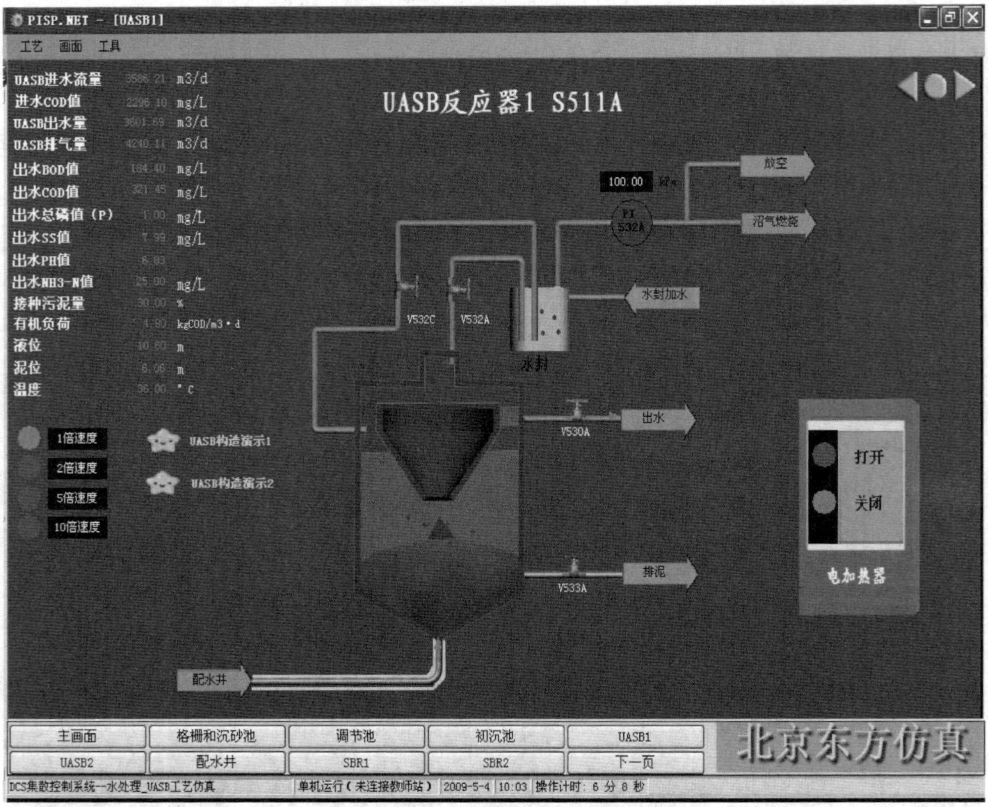

图 7.25　UASB 池工艺流程图

观察 UASB 反应池 1 的液位，达到 10m 时，打开去 UASB 池 1 的出水阀 V530A，调节使流量在 3000m³/d 左右；

观察 UASB 反应池 2 的液位，达到 10m 时，打开去 UASB 池 2 的出水阀 V530B，调节使流量在 3000m³/d 左右。

4. SBR 池启动

(1) 目的

原污水流入间歇式曝气池，进行反应。

(2) 流程

如图 7.26 所示，原污水流入 SBR 池子，间歇地进行水处理。按时间顺序依次进行进水→反应→沉淀→出水→待机(闲置)五个基本过程，然后反复进行。

(3) 操作步骤

打开配水井 D502 的回流泵 A 的电源；

打开回流泵 A 的进水阀 V531A；

运行配水井 D502 的回流泵 A；

打开回流泵 A 的出水阀 V531B；

观察配水井 D502 液位，达到 2.5m 以上时，SBR 池 1 投自动运行，对应的滗水器也投入自动运行状态；

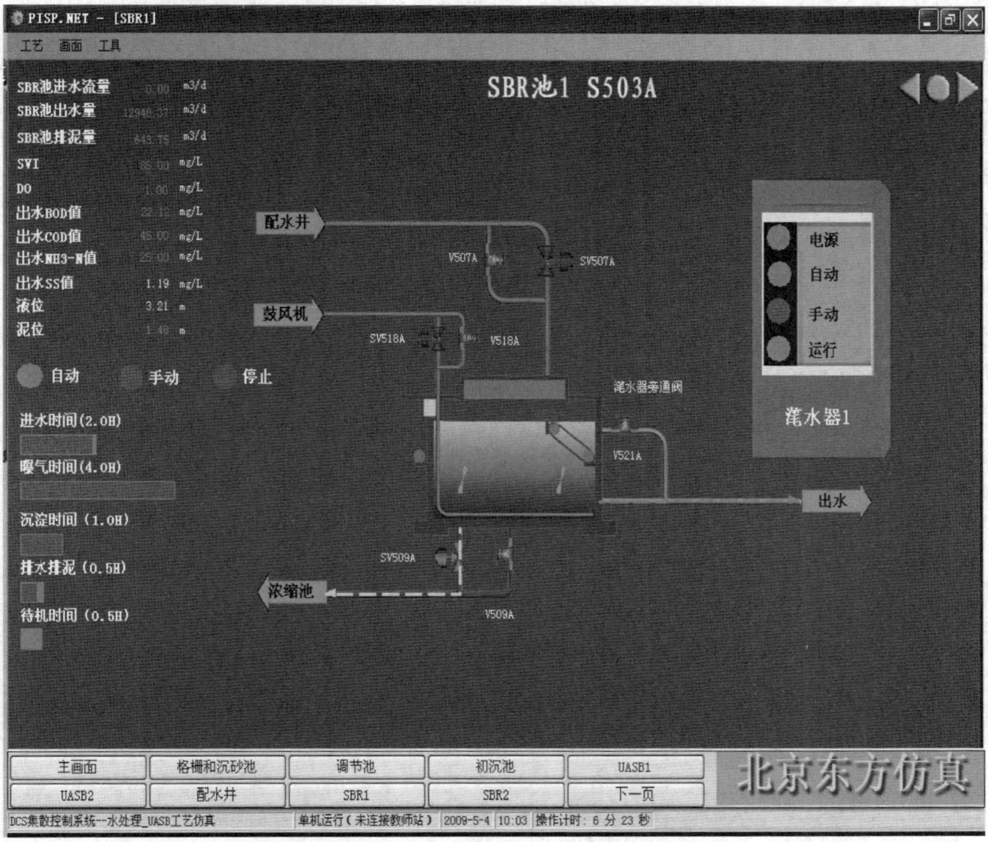

图 7.26　SBR 池工艺流程图

观察配水井 D502 液位，达到 2.5m 以上时，SBR 池 2 投自动运行，对应的滗水器也投入自动运行状态；

观察配水井 D502 液位，达到 2.5m 以上时，SBR 池 3 投自动运行，对应的滗水器也投入自动运行状态；

观察配水井 D502 液位，达到 2.5m 以上时，SBR 池 3 投自动运行，对应的滗水器也投入自动运行状态。

5. 保证后路的畅通

(1) 目的

打开后续阀门，保证水路畅通，进行排水。

(2) 流程

集水井、消毒池工艺流程如图 7.27 所示。调节进入消毒池水量，对出水进行消毒杀菌。

(3) 操作步骤

打开集水井 D503 的出水阀 V515，开度大于 45%，防止堵塞；

打开消毒池 D505 的出水阀 V516，开度大于 45%，防止堵塞。

7.4.4　正常停工

1. 停工流程

依次对格栅和沉砂池、调节池和初沉池、UASB 池、SBR 池进行停车操作。

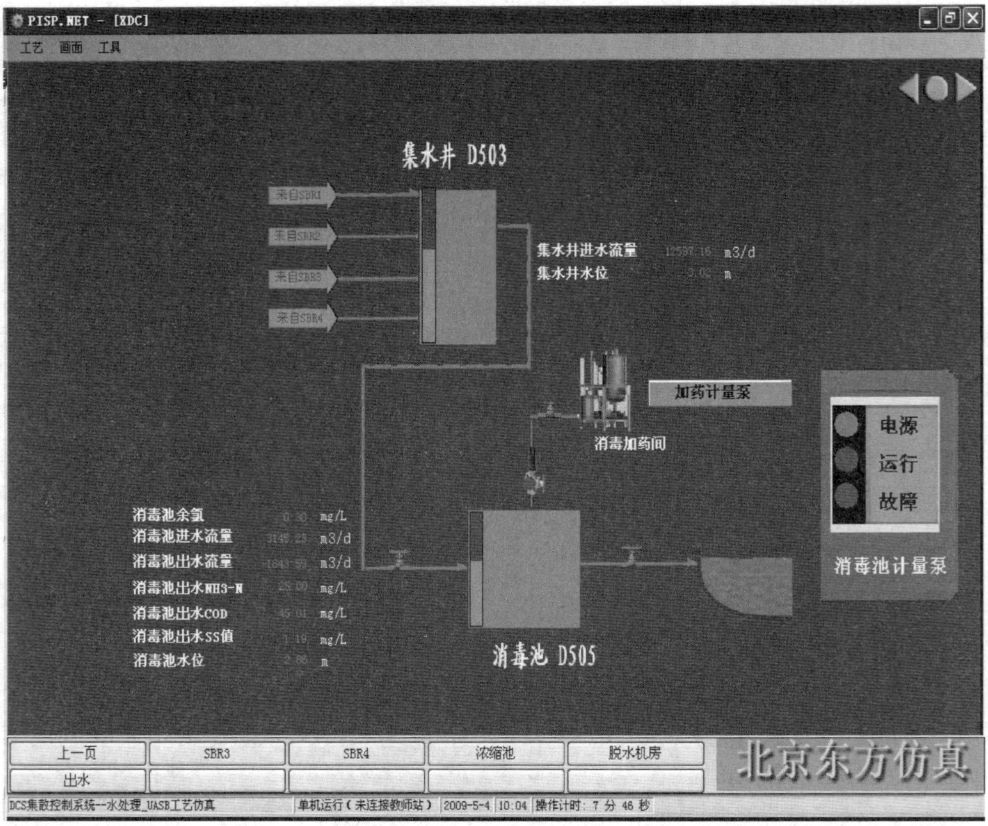

图 7.27 集水井、消毒池工艺流程图

2. 操作步骤

(1) 格栅、沉砂池、调节池停车

关闭格栅入口阀 V501；

关闭格栅 A；

将泵房出口液位控制器 LIC501 设置手动状态，开度开大，至少大于 40，保证泵房中的水继续流出；

当泵房液位接近 2m 时，依次关闭提升泵 A 后阀 V501B、提升泵 A 电源、前阀 V501A，并将液位控制器输出设置为 0；

沉砂池出水流量小于 1200m^3/d 时，关闭沉砂池刮渣机、刮砂机，并关闭沉砂池出口阀门 V503；

调节池出水流量低于 2000m^3/d，关闭调节池出水阀 V504。

(2) 初沉池和 UASB 反应池停车

初沉池出水流量低于 2000m^3/d 时，关闭初沉池出口阀 V505，打开初沉池排泥阀门 V517 并关闭初沉池刮泥机；

配水井 1D501 出水流量低于 2500m^3/d 时，关闭 UASB 池 1、池 2 的进水阀门 V506A 和 V506B；

依次关闭配水井 D502 的回流泵出口阀 V531B、回流泵电源、回流泵出口阀 V531A；

关闭 UASB1 的出水阀 V530A，排气阀 V532A、V532C；

关闭 UASB2 的出水阀 V530B，排气阀 V532B、V532D。

(3) SBR 池停车

点击 SBR 池 1 的停止按钮，停止运行，并关闭相应滗水器；

点击 SBR 池 2 的停止按钮，停止运行，并关闭相应滗水器；

点击 SBR 池 3 的停止按钮，停止运行，并关闭相应滗水器；

过段时间后，点击 SBR 池 4 的停止按钮，停止运行，并关闭相应滗水器。